一頁 folio

始 于 一 页 ， 抵 达 世 界

JOHN YUDKIN

甜蜜的，致命的

PURE, WHITE AND DEADLY

How Sugar is Killing Us and What We Can Do to Stop It

糖如何毁掉我们，以及我们如何摆脱它

[英] 约翰·尤德金 著

睿莹 水白羊 译

·桂林·

图书在版编目（CIP）数据

甜蜜的，致命的：糖如何毁掉我们，以及我们如何摆脱它 /（英）约翰·尤德金著；睿莹，水白羊译. -- 桂林：广西师范大学出版社，2021.12

书名原文: Pure，White and Deadly：How Sugar is Killing Us and What We Can Do to Stop It

ISBN 978-7-5598-4248-0

Ⅰ.①甜… Ⅱ.①约… ②睿… ③水… Ⅲ.①食糖－普及读物 Ⅳ.①TS245-49

中国版本图书馆CIP数据核字（2021）第183604号

PURE, WHITE AND DEADLY
First published as Sweet and Dangerous in the USA by Peter H. Wyden 1972
First published under the present title in Great Britain by Davis-Poynter 1972
This revised and expanded edition first published by Viking 1986
First published in Penguin Books 1988
Reissued with a new introduction in Penguin Books 2012
Published in Penguin Life 2016

著作权合同登记号桂图登字：20-2021-311号

TIANMI DE, ZHIMING DE:
TANG RUHE HUIDIAO WOMEN, YIJI WOMEN RUHE BAITUO TA
甜蜜的，致命的：糖如何毁掉我们，以及我们如何摆脱它

作　　者：（英）约翰·尤德金
责任编辑：黄安然
特约编辑：苏　骏　胡晓镜
装帧设计：山　川
内文制作：陆　靓

广西师范大学出版社出版发行
广西桂林市五里店路 9 号　邮政编码：541004
网址：www.bbtpress.com
出版人：黄轩庄
全国新华书店经销
发行热线：010-64284815
北京中科印刷有限公司印刷
开本：889mm × 1194mm　1/32
印张：8.75　字数：154千字
2021年12月第1版　2021年12月第1次印刷
定价：49.00元

谨以此书献给本杰明、露丝和丹尼尔

目录 contents

中文版序

营养学与科学精神

云无心

甜味或许是最受人类喜爱的味道。尚未建立口味偏好的婴儿，对甜味也会有与生俱来的好感。因为，对于人类的远古祖先，甜味意味着糖，那是最快补充体力的食物。

但是，远古人类能够从自然界中获得的糖实在太少——蜂蜜和成熟的水果或许是仅有的途径。所以，糖之于他们，是弥足珍贵的食材，从来没有“吃得过多”的问题。

到了近代，农业技术的发展开发出了新的制糖工艺，糖变得极为廉价易得。人类显然还来不及进化出对糖的“负反馈”机制——人类文明和医学的进展，使得“自然选择”已经不大可能在人类身上体现，所以今后也不大可能演化出“限糖机制”。

身体对“过多糖摄入”的反应，也就成了人类面临的新问题。

营养学是一门科学，但它跟其他科学门类有两点巨大区别：

第一点，营养学的进展往往不是由“一项新发现”来推动的，而是需要大量相关研究综合而形成“科学共识”。人体太过复杂，一项研究所得出的结论，经常因为实验设计和数据分析方法的限制，而有着不同的适用范围。在不同的实验设计下——甚至有时候只是不同研究者进行相同的实验，就可能得出不同甚至相反的结论。面对科学证据的一地鸡毛，正确看待科学证据，并做出合理解读，然后进一步研究，是营养学研究的永恒状态。

第二点，营养健康的结论，跟公众生活与行业兴衰密切相关。任何一个“改写”之前认知的结论，都会影响到许多人的既得利益，也会给许多人带来新的商机与机会。所以，营养与健康领域的科学研究，很容易受到其他因素的干扰。

糖与脂肪对心血管健康的影响，就是一个典型的例子。

在过去的几十年中，糖产业是胜利者——脂肪被打成心血管疾病的罪魁祸首，而糖似乎仅仅与“肥胖相关”。

但不管受到怎样的干扰，科学总会呈现事实的真相。

今天，糖对健康的危害已经广为人知。在某种程度上说，它甚至比脂肪更值得警惕。

当然，脂肪行业的反击也并不见得科学合理。糖对健康有很大的不利影响，并不意味着脂肪就能“撇清责任”，更谈不上“沉冤昭雪”。这就像，一个潜逃多年的犯罪嫌疑人被抓获，并不意味着之前抓获的另一个嫌疑人就是清白的。脂肪行业的“反击”，跟之前糖行业的“潜逃”一样，不过是行业利益的维护而已，跟科学并没有多大关系。

这本《甜蜜的，致命的》，出版于几十年前，甚至作者也已经作古二十多年。科学界对于糖、甜味和甜味剂的认知，在此后的几十年中又有了更多、更新、更完善的科学证据。我们今天来看这本书，并不仅仅是学习其中的科学知识，更重要的是，认识到前人在当时的科学证据下，面对纷繁复杂的行业纠纷，是如何坚持推动对科学真相的探索的。

看完这本书——以及其他营养健康认知的发展历史故事，如果学到的只是“今天的科学，明天可能会被推翻”，那就是没有真正读懂。这些历史告诉我们的，是“循证”——有什么样的科学证据，就做出什么样的科学结论。

固守已有的“成见”而拒绝面对新的证据，是错误的；因为“不排除将来出现相反的证据”而拒绝现有的科学结论，是虚无的。

英文再版序

永不过时的预言

罗伯特·勒斯蒂格

新与旧总是相对的。以时尚为例，喇叭裤、裙裤、迷你裙、坡跟鞋、超窄领带和复古文胸，近些年又重新流行起来。2012 年，一部黑白默片[1]获得了奥斯卡金像奖最佳影片；活跃于二十世纪七八十年代的瑞典合唱团 ABBA 和摇摆 Disco 又重新走红；特色鸡尾酒卷土重来，曾经风靡一时的马提尼现在已经有了八十多种花样；连古老的留声机和黑胶唱片也吸引了一大波年轻的追随者。

潮起潮落。总有一些人走在最前面，而争论似乎总也无法避免。在某个时段，某个理念成为潮流，赢得追随者，有时甚至是热心过头的追随者。但时间一过，流行也就过去了，有时是理念使然，有时是经验使然，有时是让位于其他世界大事，也可能是屈从于为了一己之利企图维

[1] 指法国电影《艺术家》(*The Artist*)，获得 2012 年第 84 届奥斯卡金像奖最佳影片等多项大奖。——本书脚注均为译者注。

持现状的“黑暗势力”。

不过，科学的基础不是时尚，而是事实。政策制定的依据应当是科学。事实不会改变，也确实从未改变。但人们对事实的解释却是会变的。一个最简单的例子就是关于心脏病起因的理论假说。十九世纪末，在拜耳公司发明阿司匹林后不久，科学界就提出“炎症导致心脏病”的理论。到二十世纪下半叶，“胆固醇假说”[1]成为主流观点，“炎症假说”被扔到医学研究界的垃圾箱里。但过去十年间的研究，又把“炎症假说”重新带回人们的视野。新的研究显示，炎症才是导致动脉粥样硬化斑块和血栓形成的主要因素。

坏消息是，对医学研究的解读时常受到商业“黑暗势力”的影响，因为他们瞄准的目标是巨大的利益。利益面前，有大赢家，也有牺牲者——包括那些无辜患者的生命。来看看烟草行业就知道了。科学家们在二十世纪三十年代就发现了吸烟能够引致的风险和危害。1964 年的《美国外科医学报告》还曾直接点名烟草行业。受此刺激，烟草行业开始空前的商业宣传，打压所有妨碍自己商业利益的科研项目与科学家。我在加州大学旧金山分校的同事斯坦顿·格兰斯博士一直被烟草行业视为头号公敌，到现在

[1] 胆固醇假说（cholesterol hypothesis）指推测血液中胆固醇水平与动脉粥样硬化之间的相关关系假说。

还是。近二十五年来，他一直是那个“孤军奋战的预言家”。斯坦顿曾经告诫各方，需要提防大烟草公司在各个层面的商业策略——政治收买、市场营销、儿童广告、电影植入，等等。他甚至揭发了烟草行业公然捏造数据、洗白自己的行为。这些给他带来了什么呢？从法庭到公共舆论界，二十五年来从未停歇的战争。他甚至被冠以“假先知”“狂热者”的称号。但斯坦顿是有勇气的人，敢于坚持自己的信念。更重要的是，他有数据。所以，不论过去还是现在，他的每一次出击都正中靶心。

是先知还是异教徒，说到底又是谁来决定呢？答案是：书写历史的人。现如今我们似乎看什么都更通透一点，那是因为我们都是“事后诸葛亮”。不信你问伽利略。

约翰·尤德金博士也是一样。先来了解一下大背景吧。1955年，艾森豪威尔总统在办公室突发心脏病，自此，心脏病和它的预防方法进入公众视野。到底哪些饮食成分会导致心脏病？作为公共健康领域的一个开创性问题，不论是在学界还是在媒体圈，争论贯穿于二十世纪的六十年代和七十年代，由此引发两个派别。就职于伦敦大学的尤德金博士，是生理学家、营养学家、内科医生，同时也是“糖是促成心脏病的主要因素”这一派别的主要支持者。自1972年首次出版，至1986年据最新科学研究发行修订版，《甜蜜的，致命的》这本书曾经是，现在是，将来也依然是一个预言。尤德金预见到，随着高果糖玉米糖浆的出现，我们一定会进入糖过剩的时代。踽踽独行中，他四处宣扬这一预言，但没人关心。另一个派别中，明尼苏达大学一位名叫安塞尔·基斯的流行病学家，在 1953 年首次提出了“饱和脂肪酸是导致心脏病的罪魁祸首”的观点。他后来出版的专著《七国研究：冠状动脉性心脏病[1]与死亡率的多重变量分析》[2]，把这一派观点推上顶峰。这场辩论越来越激烈，后来甚至超出了学术范畴，上升到私人恩怨的高度。1971 年，基斯声称：“很明显，尤德金关于膳食蔗糖在 [冠状动脉性心脏病] 病因学中主要影响的主张，没有任何理论基础或者实验证据的支持。他所谓冠状动脉性心脏病患者糖分摄入过量的说法，也并没有得到证实；相反，有很多研究方法和（或者）样本规模都优于他的研究已经反驳了他的观点。而他从人口统计和时间趋势方面得到的‘证据’，也经不起科学的检验。”（*Keys, A., Atherosclerosis, 14: 193–202, 1971*）

二十世纪七十年代学界的三个科学发现，彻底尘封了

---

[1] 冠状动脉性心脏病 (coronary heart disease) 指由各种冠状动脉疾病引起的心脏病。其中最常见也最重要的是由动脉粥样硬化引起的。不太常见的病因有冠状动脉夹层动脉瘤、钙质沉着或内膜增生、系统性红斑狼疮、风湿热和风湿性关节炎、糖尿病等。各种病因引起的冠状动脉性心脏病，临床表现和诊断措施均类似。释义来源：《实用医学词典》，谢启文、于洪昭主编，第 2 版，北京：人民卫生出版社，2008 年，第 286 页。

[2] *Seven Countries: A Multivariate Analysis of Death and Coronary Heart Disease* (Harvard University Press, Cambridge, 1980)

尤德金的预言，也决定了尤德金的命运。第一个科学发现来自迈克尔·布朗和约瑟夫·戈尔茨坦。他们着手研究了一些患有家族性高胆固醇血症[1]的患者，其中有些甚至从十八岁就开始心脏病发作。这项研究发现了低密度脂蛋白[2]和低密度脂蛋白受体的存在（研究者也因此获得诺贝尔奖），从而得出“低密度脂蛋白是心脏疾病元凶”的假说。第二个科学发现是一项饮食研究，它表明饮食中的脂肪会提升体内低密度脂蛋白水平。第三个科学发现来自一项大型流行病学研究，说明人群中低密度脂蛋白水平与心脏病之间存在相关性。当头一棒，不是吗？凶手就是脂肪，（尤德金你这）蠢货。

在这场关于营养的“圣战”中，“法利赛人”[3]宣布基斯为胜者，而尤德金则被冠上了“异教徒”和“狂热者”的名号。已经名誉扫地的尤德金，在众目睽睽之下被卷入历史的车轮，他的研究工作也被弃如敝屣，并且随着本书

---

[1] 家族性高胆固醇血症，拉丁学名 familial hypercholesterolemia，血液中胆固醇水平增高超过正常（正常值为 2.8—5.9 mmol/L），有时可高达 12.9—20.7mmol/L。原发性的家族性高胆固醇血症，原因不明。释义来源：《实用医学词典》，谢启文、于洪昭主编，第 2 版，北京：人民卫生出版社，2008 年。

[2] 低密度脂蛋白（low density lipoprotein, 低密度脂蛋白）：又称 β 脂蛋白，血浆脂蛋白类型之一。低密度脂蛋白密度为 1.006—1.063g/ml，分子量约（2—10）X106。脂质中，甘油三酯占 4%—8%，磷脂占 18%—24%，胆固醇酯占 45%—50%，游离胆固醇占 6%—9%。释义来源：同上，第 141 页。

[3] 《圣经》里，耶稣说法利赛人身为“人生导师”，自己却不践行为人最重要的准则，不公正，不怜悯，不追求真理，把对世俗的欲望隐藏在光鲜的外表之下，内心其实充满了贪婪和对自我的放纵。（《马太福音》23:1-39）

的绝版，最终消失在人们的视野里。

接下来的三十年间，“低脂”一直是预防心脏病的重要宣传口号。在制糖业的有心掩盖以及大规模的商业宣传下，肥胖症、糖尿病、高血压、血脂问题、心脏病等一系列被认为是“代谢综合征”的疾病呈现出抛物线式的迅猛增长。

然而真金不怕火炼。更大规模的研究逐渐有了新的发现：血清中的甘油三酯[1]水平与心脏病存在相关性，而糖的摄入和消化是最主要的驱动因子。而且低密度脂蛋白也不是只有一种，而是两种：颗粒较大的低密度脂蛋白，受膳食脂肪的影响，但是对心脏病没什么影响；颗粒较小的低密度脂蛋白，受膳食碳水化合物的影响，极易氧化，而且会导致动脉粥样硬化斑块形成（使动脉血管硬化）。人们现在会以更审慎的态度来看待曾经流行一时的阿特金斯减肥法[2]。在导致代谢类疾病的各种因素中，碳水化合物，尤其是膳食中摄入的糖分，逐渐来到舞台正中央。

2008年，一次很偶然的机会，我听说了尤德金的名字。当时我在澳大利亚的阿德莱德市演讲，和澳大利亚临

---

[1] 甘油三酯（triglyceride, TG）由三个脂肪酸分子和一个甘油分子合成。主要贮存在脂肪细胞里，是人体内贮存脂类物质的主要形式，大约98%的脂肪都是甘油三酯。身体中的甘油三酯可以来自食物，也可以用糖和氨基酸在体内合成。释义来源：《实用医学词典》，谢启文、于洪昭主编，第2版，北京：人民卫生出版社，2008年。

[2] 阿特金斯减肥法（Atkins Diet）：一种低碳水化合物的减肥法。

床生物化学家协会的同仁们分享自己的研究工作，内容与“代谢综合征发病机理中糖类的作用”有关。莱斯莉·本内特博士对我说，“你肯定读过尤德金的书吧”。我的回答是没有。回到家后，我开始搜寻这本《甜蜜的，致命的》，但是找遍加州大学旧金山分校的图书馆和旧金山所有的书店，都没有找到。最终，我通过馆际互借拿到了这本书。阅读的过程真是让我大开眼界。按照目前的糖类消耗率，将来一定会出现医疗灾难——我从自己的研究工作中已经意识到这一点，但尤德金可是在三十六年前就已经预见到这个问题，那时的糖类消耗率比现在低多了。那时候，高果糖玉米糖浆和两升装饮料瓶还没出现呢。尤德金给出的可是一个真正的、带有启示意义的预言。从这个角度来说，我算得上是尤德金的拥趸，但我却从未意识到这一点。

那个时代的尤德金，缺少今天这样海量的数据和资料。他只看到了相关性，却没有建立因果联系。他也没有现在这样完备的研究方法。他不知道糖可以在肝脏中通过脂质新生[1]被转化成脂类，引发胰岛素抵抗；他也不知道糖经过美拉德反应或称非酶棕色化反应，可以导致蛋白质

[1] 脂质新生（de novo lipogenesis，DNL）是把过剩的碳水化合物转化合成游离脂肪酸的过程，这些游离脂肪酸可以和甘油一起被转化为甘油三酯储存起来。释义来源：《脂肪组织特异性敲除 PKD1 对脂质新生的作用和机制初探》，邢哲，南方医科大学，2016 年。

损伤。他不知道糖具有弱成瘾性，虽说他做出了这样的猜测，但并不那么确定。尽管如此，《甜蜜的，致命的》却把糖和龋齿、痛风、自身免疫病、心脏病以及癌症联系起来。实际上，这本书会告诉我们，糖的摄入量和死亡率是密切相关的。

在这个科学和营养信息爆炸的时代，“低脂假说”逐渐走向没落，企鹅图书决定重新发行这本“新颖”的“旧”书。尤德金博士发行于1986年的修订版，距今也已经二十七年[1]了。凭着现如今的知识体量和科学进展，这本书肯定应该已经过时很久了，不是吗？但我想说，一点儿也不。首先，真正的预言永远不会过时，就像我们不能因为达尔文不懂基因学而去否定《物种起源》。其次，这本书是我们科学发现之旅上的一个路标，它讲述着从哪里来，到哪里去的故事。最后，尤德金对糖和食品工业的判断，到现在看也是完全正确的。我们依然面对着制糖业经久不息的商业宣传。以史为鉴，才能避免重蹈覆辙。这本书，就是历史。

能够成为尤德金的拥趸，为恢复他的声誉，继续他的科研方向做出一点微薄的贡献，我感到很自豪。我也会接过他手中的火炬，继续向公众传递正确的公共健康信息。

---

[1] 本书最新的英文版于2012年出版，因此说距离1986年已有二十七年时间。

每一位科学家都站在巨人的肩膀上。身形瘦小的约翰·尤德金博士，算得上不折不扣的巨人。

作者序

吃下去的糖，在我们的身体里发生了什么

约翰·尤德金

关于糖的文章其实已经有很多了。单是介绍甘蔗和甜菜种植的就有好几十本，其中也包括一些描写欧洲与西非、加勒比地区之间奴隶贸易（一段悲惨又可耻的往事）的书。关于糖的精炼技术、含糖食品和饮料加工技术的书，又是好几十本。但是，却鲜有人详细地介绍过作为食品的糖。多少人的糖摄入量高于平均值，多少人又低于平均值？消费量少的是哪些人，消费量多的又是哪些人，其中最高消费量和最低消费量分别是多少呢？如果我们一点儿糖也不吃，又或是吃了太多糖，对健康分别会有什么影响？

这些问题中的一部分，如果你费点儿功夫的话，也许能在商业杂志上找到答案，但肯定不会是全部的答案。你也许会说，问问制糖业不就知道了。他们在世界各地肯定有统计这些数据和信息的机构。不同国家的糖摄入量均值

是多少，这个我们倒是真的知道。但如果要问，不同年龄段的人群通过饮食摄入的糖有多少？或者，英国还在上学的十五岁青少年，日常饮食中的糖占了多少比重？即使是这样简单的问题，制糖业也不可能答得上来。也许制糖业根本就没有这些数据，又或者，他们心知肚明，只是不想消费者知道罢了。特别是，当我们希望制糖业能够了解人们的糖摄入（或消费）水平时，他们所做的，却是拒绝“糖影响健康”的批评意见，然后鼓吹“适度”消费。然而，制糖业所谓的“适度”，无论怎么看都是一个相当可观的数字。在最支持制糖业的那些科学家之中，有人曾经写道：“因此，通常而言，糖的摄入量可能占每天总热量摄入的10%到30%，平均为15%到20%吧。”他还说：“这种摄入量水平应该就可以被认为是‘适度’的了。只要别太过分，超过这个摄入量大概也是可以的。”

在我们日常饮食中，糖所占的比重大约是17%，超过了面包、鸡蛋、早餐谷物、肉类或者蔬菜中任意一种的比重。但是，对糖影响健康的研究，却远没有对其他食材的那么多。《甜蜜的，致命的》这本书是在1972年首次出版的，虽然当时对糖的研究很有限，但已经足以表明我们饮食中的糖有可能与一系列疾病有关，除了龋齿和肥胖，还有糖尿病和心脏病。

从那时至今，各种研究已经进一步证明糖与这些疾病有关。不仅如此，与饮食摄入的糖有可能（很可能）相关的疾病类型，甚至比之前还多了一些。得出这些结论的很多实验，都是在伦敦大学伊丽莎白女王学院的营养学系进行的，一些生物化学系的研究人员也参与了这些研究。其他一些研究机构也分别进行了独立重复实验，得出的结果始终和我们的一致。所以，那些和我们持不同观点的人，可能会质疑我们得出的结论，但是他们无法合理地反驳这些实验的结果。

借着修订版的机会，我对之前引用的许多统计数据做了更新和扩展。吃下去的糖，在我们身体里都发生了什么？对这个问题，我和学界同仁们在过去的十四到十五年间也做了一些研究，找到了更多的答案，对此我也一一归纳总结，在本书中分享给读者。

经常有人问我，“你的饮食结构中脂肪太多，（膳食）纤维太少”这样的说法很常见，但是为什么我们对糖的危害了解得这么少呢？关于这个问题，相信你能在本书的最后一章找到一部分答案。

第一章
糖有什么特别的？

在我们的日常生活中，糖实在是太普通了。普通到几乎所有人都认为，它不过是现代社会众多碳水化合物的一种，只是甜得更诱人一点罢了。但其实，糖这东西，可真算得上非比寻常。对产糖的植物来说，对以糖为原料合成的物质来说，以及对食用糖和工业用糖来说，它都是独一无二的。最近的研究还显示，糖对身体产生的影响也是独一无二的。很多人觉得吃糖跟吃其他的碳水化合物没什么区别，根本不是那么回事。在发达国家和地区，糖已经占到人们日常总能量摄入的六分之一！既然如此，食物和饮料里的糖进入身体之后，会产生什么样的影响，就是一个必须搞清楚的问题了。

说来也怪，不只是普通百姓觉得糖没什么。事实上，直到不久前，医生和医学研究工作者都还认为，根本没必要多花精力去专门研究糖。自从人类放弃打猎和采集，开始生产食物之后，我们的食谱里就满是这样那样的碳水化合物。从前，这些碳水化合物几乎全由小麦、水稻或是玉米中的淀粉组成，但在最近一两百年的时间里，糖已经逐渐取代淀粉，在日常饮食中所占比例越来越高。这个变化带来了什么样的影响，似乎并没有人在意过。

虽然早年间也有科研人员时不时地指出，吃糖跟吃淀粉并不总是完全一样，但直到差不多二十五年以前，才有人真正关注这件事。1958 年，我写了一本关于减肥的书。书中我强烈建议少吃碳水化合物，但那时我也并没有很明确地区分少吃淀粉和少吃糖对身体的好处有什么不同。不过从那时起，关于糖的研究越来越多，海量的新信息逐渐汇聚在一起，到今天仍在不断更新积累。这些新研究的成果虽然大多已经刊登在科研和医学学术期刊上，但也是时候给普通读者总结一下近些年对糖的新认知了。毕竟，吃糖的不止科学家和医生。如果吃糖真的会带来风险，那就该让所有人都知道这件事。

科学家们到今天依然还在探索和研究糖对身体的影响，这个事实本身就意味着，当发现糖对身体的影响与其他常见食物相去甚远时，大家有多么意外。你可能会想，如果制糖企业和炼糖企业意识到有如此巨大的差别，一定会加大投入，自发地深入研究自己产品的特性。就像肉制品、奶制品或者水果，虽然在日常饮食中所占的比重都比糖少，但生产这些食品的企业，一直在出资赞助针对自己产品的营养学研究。可制糖业的那些人呢，他们似乎更愿意把钱花在做广告、公关，宣扬“快速能量”之类上。对于“糖不利于心脏、不利于牙齿、不利于塑形……总的来说不利于健康”的种种建议，他们充耳不闻，拒绝接受。

我并不是认为自己在这本书里写的所有内容都会得到每一位研究者的认可。但我希望，我写清了哪些内容的背后有坚实可靠的、可观测的研究，以及，哪些内容是我个人对这些研究的看法和解读。至于我的每一条个人观点到底是对还是错，只能交给时间去证明了。不过我有两个观点现在就可以写下来，相信没有人能够反驳：

第一，人体对糖并没有生理需求。换句话说，人体对营养的所有需求，即便完全不吃糖——不论是白糖、红糖还是原糖，也不论是直接吃糖还是吃含糖食品或者喝甜饮料——都可以得到满足。

第二，单就已知的糖对健康的负面影响而言，如果造成类似影响的——哪怕只是其中一小部分——不是糖而是另一种食品添加剂，十有八九它早就被禁止使用了。

以甜蜜素（cyclamates）为例吧。有些国家禁止使用这种代糖，主要的依据来自长时间、大剂量的老鼠喂养实验——相当于一个人在四五十年的时间里，持之以恒地每天吃掉 5.4 千克糖。再往后看，你还会了解到，如果让老鼠每天吃很多糖，情况会是如何。这里的“很多”和不少人每天的糖摄入量几乎没有区别。实验细节在后文有介绍，这里就不多说了。你会发现糖真的会对健康产生诸多影响，比如造成肝脏增大、脂肪肝、肾脏增大，以及，寿命缩短。

下次当你看到有研究或者报道说“一种新代糖可能对身体有害”时，不妨也留意一下那些打着“糖业信息公司”或者“糖业局”名号的人不遗余力的宣传。阿斯巴甜（aspartame）问世的时候也出现过类似的情况。然后你可以思考一下，就我们已知的糖对健康的影响来说，与需要长期以不合理的超大剂量摄入代糖才可能产生的影响相比，有什么样的风险。

虽然在有些国家你可能找不到甜蜜素（个人认为这样的禁令并无充分的原因），但我认为，任何时候，如果你想的话，（正常）使用这些甜味剂都是绝对安全的。不过，即便安全性不是问题，还是有人会认为，使用甜味剂不是什么好主意。这些人会在日常饮食中尽量避免那些必须加糖才能制作的食品，养成少糖的习惯。

我上文所写的内容，其实受到很多批评；有人就说，是因为实验中使用了剂量高到离谱的糖，才得出那些不利健康的影响。这其中就包括美国生理学家安塞尔·基斯博士，他是反对阵营里最重要的代表人物，也是一个相当武断的科研工作者。他的观点是，诱发冠状动脉性心脏病的主要元凶是膳食脂肪，和糖一点儿关系都没有。他还曾写道，“实验中使用的糖的剂量，是任何一种天然饮食方式的三倍甚至更多”。继续往后看的话，你会发现他说错了。之所以会有这种误解，原因在于很少有人认真地统计我们日常饮食中到底会吃进去多少糖。

你可能听说过土耳其人嗜糖如命的故事——看看他们往咖啡里放多少糖就知道了。但即使是今天，土耳其人的糖摄入量也只是英国人和美国人的一半而已，如果退回二十年前，甚至还不到四分之一。除了这类问题，在查阅官方统计数据的时候，如果不仔细看小字部分的“备注”和“说明”，也有可能得出错误的结论。过去四十年来，英国每年都会发布年度饮食报告，其中糖摄入量的数据是人均每年 14.5 千克。但如果看得够仔细，就会发现这个数据并不包括零食和外出饮食中的糖分，如果把这些糖也加上，英国人的年均糖摄入量其实是 45.3 千克——足足多出了两倍。考虑到这只是平均值，而很多人的摄入量其实高于平均水平，你会发现，在我们的实验中，不论是人类受试者还是动物，使用的糖摄入量根本不算特别高。

基斯博士所谓的“任何一种天然饮食方式”中，糖摄入量的来源又是什么呢？什么是“天然饮食”？和两三百年前的人相比，现代西方人的糖摄入量几乎高达二十倍甚至更多，这算是“天然”吗？更遑论和人类祖先相比了。如今，“天然”和“适度”这样的词简直随处可见，但我们必须保持警惕，千万不要被这些没有实质意义的词误导，更不要把这些词和“健康”“良好”“可取”之类的美好意愿画上等号。

亲爱的读者，希望读完本书以后，我能让你意识到“糖很危险”。至少，我希望你能认同，糖有可能很危险。继续延伸一下，希望你能认识到一个不容置疑的事实：你和你的孩子不需要摄入一丁点儿糖、含糖食品或是含糖饮料，就完全可以享受绝对健康、营养均衡的饮食。假如你能认识到这一点，并且决定戒糖或者减糖——读完了你就会发现这其实一点儿也不难——那我花时间写这本书就是值得的。更重要的是，你花时间阅读这本书也是值得的。

第二章
我吃糖，是因为我喜欢糖

健康食品可以说是当前最受瞩目的“增长型行业”之一了。在英国和美国，几乎每个街区都有自己的特色商店，消费者可以在那儿买到土蜂蜜、农家自种胡萝卜、散养鸡蛋之类的农产品，似乎吃了这些就能永葆青春一样。

今天的人们非常担心自己的食物，这一点毫无疑问。但不同的人担忧的事情也各不相同，大部分人其实担心错了方向。我可以向你保证，不论是在商业肉鸡饲养模式下生产的鸡肉，还是施了化肥种出来的土豆，这些都不会对你的健康产生什么负面影响。但有一点确实很重要，你当下已经习惯的饮食结构，跟在数百万年演化过程中逐渐形成的、最适合人类这种智人的饮食习惯相比，很可能已经大不相同了。

请不要误会，这么说并不意味着我已经发现了关于理想饮食的秘密。虽然在前文中我曾经调侃过“天然食品”，但我并不认为健康食品商店货架上的都是无稽之谈。更不是说，我这本书里写的一切就都是绝对真理。不过，似乎每个人都倾向于认为，营养学知识是某种本能的东西，只要认真思考和反省就能回答有关的问题，而且答得和研究营养的专业人员一样好。

在那么多详细的证据面前，如果还坚持认为施用化肥和施用农家肥种出来的土豆在营养价值上存在差异，那就太愚蠢了。但另一方面，一些科学家会臆想我们已经参透了人体营养学的所有奥秘，这同样愚不可及。举个例子，有一次我去参加一个学术会议，有位食品化学家公开宣称，说科学家不用太关注高蛋白食品的产量问题了，因为很快，人类就可以完全用合成蛋白质和其他营养元素养活自己。但其实，那个时候不论是对“应该已经研究得很透彻了”的肥胖症，还是膳食中不同类型碳水化合物对健康的影响，科学家们几乎每天都有新的发现。最安全的立场，大概是介于“不自知的无知”和“无根据的笃信”这两种傲慢之间吧。

但我们怎样才能找到那个合适的立场呢？哪些原则可以帮我们判断一种食物是不是真的“对健康有益”？理想饮食模式到底是什么样的？

在本章接下来的部分，我会试着一点点地、谨慎地解答这些问题。我相信，了解一些与饮食有关的生物学知识，能帮助我们更好地理解适合人类的饮食模式是什么，今天的饮食习惯有哪些问题，以及，为什么会出现这些问题。

首先我们需要提醒自己，任何动物的生存与成长都离不开两类物质。第一类是可以燃烧（氧化）产生能量的物质，为动物的生长、运动、呼吸和其他活动提供必要的能量。这类产能物质主要是碳水化合物和脂肪，不过蛋白质其实也有这个功能。第二类物质包含成千上万种不同的化合物。这些化合物构建了细胞里复杂的化学成分，正是这些细胞构成不同的器官和组织，进而有机结合，成为一个完整的生命体。这些化学成分中的绝大部分，通过少量原料，身体自己就能合成。以上两类物质，对于任何生命活动都不可或缺。假如没有它们，年轻的生命体无法长大，已经成年的生命体，也会因为无法弥合细胞和组织的损耗而逐渐走向衰灭。

至此我们可以得出，任何动物的身体想维持生存，都需要同时获得可以提供能量的物质，以及可供机体生长修复所需的原材料。对我们人类而言，获得这些必需品的唯一途径就是吃与喝。人类需要从饮食中获取的物质大约有五十种，大致可以划分到下面这几个大的类别里：

碳水化合物、脂肪、蛋白质、维生素、矿物质，当然还有——水。

就目前我们所知，不论哪种动物，生存所需的营养物质成分大致都是相同的，获取这些物质的来源也都一样——食物。也有些很有意思的例外，比如，所需的很多维生素，其实是生活在动物胃里的微生物制造出来的。但总的来说，大部分动物都需要从食物中获取维生素、蛋白质和其他各种必需物质。

或许你会辩驳，这样一来，所有的动物都应该吃同样的食物了？实际上并非如此，众所周知，不同物种的饮食结构千差万别。比如狮子和老虎之类的动物主要是肉食性的，它们喜欢吃肉；而兔子、长颈鹿和鹿之类的动物，主要是植食性的，它们喜欢吃植物和草。还有些动物，比如鼠类和猪，也包括我们人类自己，则是杂食性动物——食物来源既有动物也有植物。相比之下，有些动物的食物选择非常有限。比方说长颈鹿，除了金合欢树的叶子，几乎不吃别的。还有考拉，也几乎只吃桉树叶子。而且不是所有桉树叶子它都吃，地球上现存的桉树有四百种之多，但考拉只吃其中少数几种。

这看上去明显是矛盾的。首先，除了少数例外的情况，所有动物需要的营养物质都一样，也都必须通过饮食来获得。但同时，不同种类的动物又是从千差万别的饮食结构中，获得了同样的营养物质。其实，这恰恰创造了巨大的生物学优势，因为避免了不同物种之间为争夺相同的食物而形成竞争关系。食物链上的每个物种都占据着自己独特的生态位（ecological niche）。在漫长的演化过程中，每种动物的身体构造和生理机能也得到不断优化，以便更好地去寻找、获取、进食、咀嚼和消化自己所选择的食物。

事实上，在通常情况下，一个物种甚至根本就不会去尝试另一个物种视为“美味佳肴”的食物。到底是什么原因，让一种动物选择一种特定的饮食模式，并且不同动物之间的饮食模式差异如此之大呢？很显然，既然大家需要的营养都差不多，这背后的原因肯定和食物中的营养物质无关。所以，一定是食物的某些特性吸引特定的某种动物，让它们无法抗拒。而且，这种吸引力在物种之间也各不相同——真可谓“彼之蜜糖，吾之砒霜”。形状和大小、颜色和气味、味道和质地……这些食物的特性虽然相互之间并无关联，但我想都和适口性有关。

这就引出了食物的两种不同属性——适口性与营养价值。动物们当然会选择自己吃起来“适口”的食物，只不过，无论选的是什么，都必须满足自身所有的营养需求。否则，结局就只有灭亡。

所以我们也可以说，如果一种动物吃了自己想吃的食物，它同时也就得到了它需要的一切。或者，换用刚刚的术语来说，对任何一种动物而言，食物的“适口性”其实可以作为营养价值的参考标准。几乎每个人都会本能地认为这是正确的：如果你非常喜欢一种食物，这就说明，或者几乎可以说是证明，你需要这种食物。

我们的饮食习惯形成于儿童时期，小孩子又很喜欢吃甜食，那么，是不是可以推断说，糖肯定对儿童有益呢？当然不是！完全不对！不过，我相信大部分人其实都听到过这种说法，有一首老歌不也是这么唱的吗，“寻点乐子，于君有益”[1]嘛。在加工食品出现之前，这种说法倒是完全合理的。

人类饮食源起

什么情况下，我们“想要”的就是我们“需要”的，什么情况下又不是呢？这个问题我稍后会展开讨论。现在，我想先讲一个关于食品口味和营养价值的故事，来看看它们是如何影响人类这个物种的。

我们对人类起源的了解已经越来越多，虽然对人类早

[1] 原文为“A little of what you fancy does you good”，这句谚语最初是一首歌曲的名字，因维多利亚时代的歌手玛丽·劳埃德（Marie Lloyd）而出名。从维多利亚女王统治末期到二十世纪初，劳埃德在英国是一位非常受欢迎的歌舞厅表演者，这让当时的道德家非常懊恼，他们竭尽全力阻止她演出。

期饮食状况的认识还存在很多不确定性，但也能猜出个大概。

一般认为，在大约七千万年前，人类最早的祖先——某种类似松鼠的灵长类动物——其实是吃素的。水果、坚果、浆果和植物叶子等，随处可得，所以这种素食的习惯一直持续到大约两千万年前。随着降雨减少，地球进入长达一千两百万年的干旱期，曾经繁茂的森林逐渐退化成开阔的稀树草原。正是在这段时期，南方古猿非洲种（Australopithecus africanus）正式登上舞台。

为了生存，南方古猿非洲种放弃了同属原始人类的南方古猿粗壮种（Australopithecus robustus）曾经茹素食果的生活方式，转而变成以捡拾和狩猎为生的肉食动物。南方古猿非洲种的臼齿已经初具雏形，覆盖着薄薄的珐琅质。他们的下颚肌肉很小，也不需要像南方古猿粗壮种的下颚肌肉那样附着在冠状颅骨上。南方古猿非洲种的犬齿也很小，因为他们狩猎时使用的主要是武器，而不是牙齿、爪子或角。他们已经完全采用直立行走的方式，行进时不再依赖双臂和手。南方古猿非洲种最早使用的工具是骨头，后来是石头，再往后才是斧头。

所以，看起来，在过去至少有两百万年的时间里，我们的祖先主要是以食肉为生的。从那时起，他们持续着捡拾和狩猎生活，在稀树草原搜寻自己爱吃的肉和内脏。

与更为严格的纯肉食性物种相比，人类祖先有一个很大的优势，那就是他们曾经以素食为生，而且仍然可以吃素。除了肉类，他们的饮食结构中还包括先祖们赖以为生的坚果、浆果、植物叶子和根茎。多亏了这种杂食性的潜质，即使是在找不到猎物，或是肉类匮乏的情况下，他们也能得以生存。

营养方面，在两百万年甚至更长的时间里，史前人类及其先祖的饮食中包含丰富的蛋白质，较为丰富的脂肪，但通常情况下只有极少的碳水化合物。假设我们现代人对甜味和咸味的偏好是很久之前习得的，那么很有可能的情况是，史前人类饮食中少量的碳水化合物主要来源于水果，而不是适口性很差的植物叶子和根茎——当然，饥荒的时候除外。

两次食物革命

从演化的角度来讲，直到晚近，所有动物——包括人类——的食物来源，要么是捕猎，要么是捡拾其他动物的尸体，要么是各种野生植物。一直到大约一万年前，人类从所有动物中脱颖而出，开始自己生产食物。但是在此之前，肉食经历可是持续了两百万年甚至更久的时间。农业生产似乎是在三个不同的时段从世界上三个不同的地方分别源起的，之后逐渐传播到世界其他地区。第一个源起发生在一万年前的新月沃地，也就是今天的以色列、约旦、叙利亚、土耳其和伊朗一带，当时的人们开始种植小麦、大麦、扁豆和豌豆，开始驯化牛、绵羊和山羊。第二个源起发生在大约七千年前的中国，人们开始种植稻米、大豆、山药，而且开始养猪。第三个源起发生在中美洲，当地主要种植玉米和豆类，饲养美洲驼和豚鼠。

大多数情况下，食物生产都是从谷物种植开始的。这是因为，远古人类发现自己偶然吃下去的野草种子，如果专门种植的话，会产出数量惊人的种子。驯化后的野草就变成谷物，也就是当今大部分人喜爱的主食。同时被驯化的还有一些根茎类作物。人们也开始圈养野生动物，因为它们既能提供食物又可用作畜力。

农业的发明——也就是所谓新石器革命——产生了诸多成果，影响深远。自此，人类不用像以前一样游荡迁徙，而是以社会化的群体组织开始了定居生活。这一里程碑式的进步，也成为我们所熟识的文明、艺术、创造和发现的基础。

与采集、狩猎相比，农业生产的食物数量通常比较多。不仅如此，在一些食物原本不够充裕的地方，也可以通过农业种植增加供应。因为食物短缺而死的人越来越少，加上人们逐渐迁移扩散，在地球上更多的地方定居，世界人口数量出现了增长。但到了一定程度，食物生产再一次成为人口数量进一步增长的限制因素。在这种不可避免的压力下，人们形成了一种完全不同于狩猎先祖的饮食习惯，并且逐渐稳固。生产植物性食物比动物性食物更容易，曾经如此，现在依然如此。如果以热量为计，同一块土地用来种植谷物或者根茎类食物的产出，比生产肉蛋奶类食物高出十倍以上。

可以说，新石器革命重塑了人类的饮食，形成了富含碳水化合物、缺乏蛋白质和脂肪的饮食结构，并且一直延续至今。这其中，碳水化合物的主要形式是淀粉，少量的糖则来源于野果和野菜。大部分人开始缺乏蛋白质和各种维生素，有可能是在人类生产食物之后才出现的情况。

和许多动物一样，人类社会也会出现周期性的食物短缺。虽然新石器革命大大提升了食物的供应量，并且从根本上改变了我们的饮食结构，但饥饿和饥荒从来没有真正消失。受限于狂风、干旱、洪水和土地利用方式，在人类历史的大部分时期，食物其实一直都不怎么够吃。也只有在最近几十年新出生的人，才真正不知饥饿为何物——虽然他们只占人口总量的一小部分。

第二次革命主要源于科学和技术的累积效应。我只需要列举其中一部分，就足以显示出这次革命的广度和深度，以及它给人类社会的食物供应带来的影响：遗传学和食用动植物的品种改良；工程学和灌溉排水应用；合成肥料、除草剂和杀虫剂的发明；内燃机的出现和它对海陆空运输的影响；罐装、脱水和冷冻等现代食物保存方法……这样的例子其实还有很多。依靠科技的力量，人类生产和保存食物的能力，令其他任何物种望尘莫及。

经过这次革命，在富裕国家，大部分人可以不受季节和地理条件的限制，自由选择各种各样的食物。相应地，他们也有了越来越多的自主权去选择自己“爱吃”的食物，而不仅仅是为了填饱肚子。第一个也是最为明显的变化，是肉类和水果这样“更美味可口”的食物，其消费量出现上升。同时，由于食物适口性和营养价值之间的基本关系，这些人的营养状况也得到了改善。在任何一个社会群体中，总有那么一小部分富有的人，营养状况比别人更好一些。

除了提高食物的产量和供给，农业技术和一般技术的进步还极大地影响了食物的加工，比如通过提取、添加等操作，制作出自然界中不存在的、各种新的食品形式。有些加工食品很早前就出现了，比如面包、玉米饼、薄饼、蛋糕和饼干。但大部分加工食品在过去一两百年间才出现，或是得到大幅度的改进。我能想到的例子有冰激凌和软饮料、各色巧克力和糖果、甜咸口味的饼干等。现在还出现了用组织蛋白或者微生物蛋白制作的“素肉”制品。

之所以能制作这么丰富的加工食品，很大程度上是因为营养价值和适口性是食物的两个不同特性。正如前文所述，理论上来讲，几乎任何动物或者植物都可以作为人类的食物来源，但是我们更偏好肉类和水果的口味，这两者合起来就能满足我们全部的营养需求。通过加工方式模拟肉类味道和质感的技术刚出现不久；面对这种新的食品，只有当生产商制造出比现有食物更好的味道时，人们的接受度和消费量才会大幅提高。不过，食品行业掌握"甜蜜味道"的秘密，却已经有很长一段时间了，正是这种"甜蜜"赋予很多食品和饮料适口性。人们不需要特定的味道和质地来搭配甜味，咸味就不一样了，似乎只有特定的几种风味和质地才适合与咸味搭配。

在过去的很长一段时间里，人们嗜甜的欲望完全可以通过吃水果来满足。只有在很少的情况下，我们的祖先才能有幸在野外找到蜂蜜。但是新石器革命之后，大约两千五百年前，人们发现只需要对甘蔗汁进行提取和干燥处理，就能制作出粗糖。最早开始种甘蔗的可能是印度地区，接着慢慢扩散到中国、阿拉伯半岛、地中海沿岸，随后传往南非和西非、加那利群岛、巴西以及加勒比地区。

尽管甘蔗的种植面积在不断扩大，当时生产的也还只是粗制的原糖，它的价格却极高。据说在十六世纪中叶，糖的价格堪比今天的鱼子酱。即便到了十八世纪，糖也依然是一种奢侈品。甚至在一百多年前，厨房里的糖罐子常常都是上着锁的。假如以黄油或者鸡蛋的价格做对比，今天的糖价已经降低到十五世纪的二百分之一了。

基于奴隶贸易而在加勒比地区发展起来的甘蔗种植园，造就了今天我们所熟悉的制糖业模式。对糖的需求量如此之大，加上它丰厚的产量，制糖业从十八世纪中叶开始发生了一系列巨变：高产甘蔗（以及后来的甜菜）的大量种植，原糖提取率和制糖效率的提高，以及糖的精炼技术的发展。随之，糖的价格不断下降，需求持续增长，而糖的消费也攀升到一个极高的水平。

和烟草行业、酒精产业类似，对制糖业加征赋税也成为许多国家政府的收入来源之一。糖和烟草、酒精还有一个共同点——都能让人很快上瘾，并且都不是身体必需的生理需求。

现在我可以说，人类天生就喜欢吃甜。原始人吃水果或者蜂蜜就可以满足这种欲望。他们喜欢吃水果，而且吃水果可以获取一些必要的维生素，比如维生素 C。但是现在，我们通过吃甜食、喝饮料才能满足嗜甜的欲望，而这些食品除了热量，几乎没有任何营养价值。今天我们能买到的橙味饮料，可能颜色比鲜橙汁更漂亮，味道更甜，香味更浓郁，价格更便宜——而且保证不含维生素 C 或者随便什么营养素。

由于人们主要追求食品和饮料的适口性，这些饮料的销量持续攀升。将来有一天，也许可以用（目前）无法被消化的聚合物材料制作出一种“肉饼”，它们在烤架上嗞嗞作响，散发出诱人的味道，比真肉饼来得更吸引人，而且价格只要一半。这是一种完全“纯净”的食物，不含蛋白质、维生素，也不含矿物质。但谁能说就因为它没有任何营养价值，我们就不会去买这种超棒的、太空时代的新食品呢？我们会因为喜欢而购买，仅仅是因为喜欢。

很多人依然坚信，好吃的食物一定营养价值也很高；还有很多人相信，没滋味的食物一定也没什么营养价值。这两点都不是事实。我确信，食物的营养价值和美味适口这两种特性的分离，是导致“富裕性营养不良”的主要原因。为此，我想举一到两个例子来说明，为什么不该把食物的这两种特性混在一起。

第一个例子。你可能还记得牛肉茶[1]吧？即使在二十世纪，它还是医生们普遍会开给康复期患者的“恢复良药”。直到今天，仍然有很多母亲认为美味的清汤可以给孩子提供丰富的营养。然而我想说，这种肉汤虽然好喝，但它几乎没有营养价值。第二个例子。商业化的养鸡行业

[1] 牛肉茶（beef tea）是十九世纪的一种食疗方法，指的是用牛肉和水清炖的肉汤，一般是给消化不良、发烧或者体虚的患者饮用。人们认为这种茶营养丰富、易于吸收，可以帮助患者康复。

培育出了一种肉鸡，和散养鸡相比，生长速度快，出栏期短，屠宰的时候月龄较小，所以风味性也相对略差。但这种肉鸡的营养价值和散养鸡没有差别——虽然人们通常认为美味程度更低的食物，营养价值也不会高。

前段时间我刚读了一个小故事，但故事的名字和作者我没记住。说的是有一位才华横溢的化学家，他厌倦了自己的情妇，并且决定利用自己的专业技能来除掉她。他发明了一种味道浓郁诱人的新物质，把它加进巧克力，一盒又一盒地寄给自己的情妇。收到巧克力的情妇发现这种味道实在无法抗拒，情不自禁地吃了又吃，最终暴食而亡。这一切正中化学家的下怀，因为他知道，她对这种味道的渴求最终一定会置她于死地。

食物的美味和可口到底有多重要，还有一个蛇的例子可以说明。蛇一般只吃蟾蜍，比如它就不会主动去吃牛肉。但如果你在蟾蜍的背上反复摩擦牛肉，让牛肉沾上蟾蜍的味道，也可以骗蛇吃下这块牛肉。

那些支持健康食品的人，通常会用“加工食品吃起来没什么风味”这个论点来说明现代加工食品缺乏营养价值。而他们的健康食品，因为更好吃所以营养肯定更好。但通过这本书里的大部分内容，我想说的是：**满足我们的胃并不等同于满足身体的营养需求**。

第三章
糖和其他碳水化合物

蔗糖和葡萄糖等不同种类的糖，都属于同一类名叫“碳水化合物”的物质。在本书中，我们时不时就需要谈到这类物质，不妨先来了解一下。

饮食中的各种碳水化合物，根据是否能被人体肠道消化和吸收，可以分为“可利用的”或“可消化性”碳水化合物，以及“不能被人体利用的”或“不可消化性”碳水化合物。不可消化性碳水化合物在通过人体消化道的过程中，几乎不会发生什么变化。过去我们把这种不消化的物质叫“粗粮”，现在它们还有个名字是“膳食纤维”。膳食纤维的主要成分是纤维素，和棉花、纸张的成分一样。

可消化性碳水化合物几乎涵盖了所有的糖和淀粉类食物。单糖是这类碳水的最基本构成单元。在化学上，这类特性相似但又不完全相同的物质被统称为“糖类”，其中就有我们熟悉的葡萄糖、果糖、麦芽糖、乳糖和蔗糖，它们要么是单糖要么是二糖。

其中最著名的单糖就是葡萄糖、果糖和半乳糖了。葡萄糖是植物光合作用的第一产物，也是动植物最主要的能量来源。果糖伴随着一些葡萄糖、蔗糖，存在于水果中。半乳糖是动物乳汁中乳糖的组成部分，主要存在于动物身上。

葡萄糖是在水果、蔬菜中发现的一种糖类物质，通常和其他糖类共同存在。对于生物化学家、生物学家和营养学家而言，葡萄糖都是非常重要的物质，因为它可是所有植物和动物新陈代谢所需的关键材料。我们吃下去的许多主食，迟早会在身体里被转化成葡萄糖。身体组织（通过氧化或燃烧）进行代谢，为日常活动提供能量，所需的最重要物质之一就是葡萄糖。

我们的血液中也有葡萄糖，通常被称为“血糖”。健康人的体内有很多激素，通过各种复杂的交互作用，把血糖水平维持在一个相对稳定的状态。我们吃下的糖、淀粉或者其他糖类物质，随着消化过程会被分解转化成葡萄糖，然后通过消化道吸收进血液。这时血糖就会升高。不过，身体会立即向血液中释放激素，尤其是胰腺分泌的胰岛素，目的就是把血糖水平降低到正常范围。这个过程主要是通过把葡萄糖转化成一种名叫“糖原”的多糖（由很多单糖构成的复杂糖类）。

蔗糖，是本书所探讨的“糖”这种物质的化学名[1]，也是三种最常见的二糖之一。蔗糖由一个单位的葡萄糖外加一个单位的果糖构成。在消化过程中，蔗糖分解产生一种名为“转化糖”（invert sugar）的混合物，含有一比一的等量果糖和葡萄糖。

人类的饮食中还有另外两种二糖。其一是麦芽糖，由两个葡萄糖单位连接组成。麦芽糖是淀粉消化过程中产生的，比如当大麦这样的谷物发芽时，或者当淀粉进入口腔中被牙齿咀嚼时，或者当淀粉到达肠道被分解时，都会产生麦芽糖。麦芽糖最终也会被消化分解成葡萄糖。还有一种二糖是乳糖，由葡萄糖和半乳糖这两种单糖构成。乳糖只存在于动物的乳汁中，或者是以奶为原料制作的酸奶中（也包括液态的乳清部分）。大量摄入乳糖会引起腹泻，而对于一些乳糖不耐受的人，相对少量的乳糖也会引起不适反应。不过，即使是乳糖不耐受的人，每天少量多次地喝点奶也不会有太大影响——上限大概是 568 毫升[2]左右。他们还可以吃奶酪，因为制作奶酪的时候大部分乳糖都会留在乳清中。

淀粉是植物的能量储备库，由多个葡萄糖分子聚合而

---

[1] 在中文里，“蔗糖”一词既是“sucrose”对应的化学名，又是甘蔗制糖的商品名。

[2] 原文为“up to a pint a day”，1 英制品脱约合 568 毫升。

成，所以也叫作“多糖”。淀粉很容易被消化和分解。我们身体里的酶，或是从霉菌中提取的酶（比如酵母）都能消化淀粉，淀粉在酸性条件和一定温度下也能被分解。经过这些化学作用，淀粉被分解成越来越小的分子——最先产生的是糊精，接着是麦芽糖，最后才是葡萄糖。如前所述，糖原也是一种多糖，存在于肝脏和肌肉中。糖原和淀粉一样是一种能量储存，但和淀粉不一样的是，它的数量相对较少：成年人体内的糖原储存总量一般不超过 350 克。纤维素也是一种多糖，但它无法被消化。

第四章
糖从哪里来？

本书重点讨论的糖类物质，就是大多数人所说的“食用糖”。有时候我们也用“甘蔗糖”（cane sugar）来称呼，不过市面上大约三分之一的糖其实来源于甜菜。这类糖的化学名是“蔗糖”（sucrose）。本章中，我们主要讨论蔗糖从哪里来，是怎样制成的，以及它对身体的影响。

日常饮食中的食用糖有 99% 都来自甘蔗或者甜菜，剩下的 1% 来自诸如新英格兰和加拿大的枫糖、印度的棕榈糖、美国南部的粟糖，还有极少数由葡萄、角豆果或枣子制成的糖。

人们普遍认为，甜菜糖和甘蔗糖在味道上没有什么明显区别，也说不出各自有什么可辨识的特征。两种精制糖中 99.9% 的成分都是纯蔗糖。其中一些物质特性的微量差异只有通过最灵敏的分析技术才能检测出来。

甘蔗糖

甘蔗[1]与谷物一样，同属于禾本科作物。一般认为甘蔗的起源地是亚洲，可能在印度地区。人们栽培甘蔗的历史已经有两千五百年之久，它的野生祖先是哪种植物已经无从得知。目前，世界各地都有许多甘蔗种植园。公元前500年左右，中国和印度地区的人们可能就开始种植甘蔗了。公元前325年，身处印度的亚历山大大帝的士兵曾用“无须蜜蜂就能吃到的蜜糖”来描述甘蔗的甜美。后来，甘蔗一路向西，来到波斯（公元500年）、埃及（公元640年）、西西里岛和塞浦路斯（公元700年）、西班牙（公元755年），以及后来的马德拉群岛、加那利群岛、北美洲、墨西哥，在十六世纪初期终于到达了加勒比地区。甘蔗喜欢温暖的气候，年降雨量要求至少1524毫米，或者需要保证充分的灌溉，同时它对肥料的需求量也很大。

加勒比地区的甘蔗种植，并不能算作人类历史上的骄傲。来自葡萄牙、西班牙、荷兰和英国等国的欧洲人，把甘蔗带到西印度群岛，在很短的时间内就超越了当地原生农作物的生产规模，后来干脆用甘蔗完全取代了原生作物。他们还从非洲运来大量奴隶，在甘蔗种植园充当劳动

[1] 此处的拉丁名“*Saccharum officinarum*”其实指的是热带种“秀贵甘蔗”，是目前最普遍的制糖用甘蔗。

力，建立了臭名昭著的“三角贸易”体系：来复枪、布料和其他商品被送往非洲西海岸，用来和非洲酋长们交换黑奴。成群的奴隶被赶上船，接着运往牙买加、圣基茨等加勒比群岛。这是一段可怕的旅程，通常只有不到一半的奴隶能够活着到达目的地，而他们的最终归宿则是在种植园劳作。岛上产出的原糖会被运回欧洲——尤其是英国——进行精炼，“三角贸易”的三角形就此闭合。运送奴隶的船只和种植园的条件太差，大量奴隶因此而死亡，殖民者必须源源不断地从西非获得“新鲜的”奴隶供应。

早先，蔗糖指的就是从甘蔗中榨出的汁，类似于现在印度一种名叫“古尔糖”[1]的食品。不过，今天我们使用的大部分糖都是精制白糖。蔗糖的加工通常分两步进行，第一步是提取原糖，第二步是精炼白糖。先是通过人工或者机械收割甘蔗，去除顶端和叶片后，迅速运往工厂。接着经过切割、压榨、粉碎，再通过辊磨机——整个过程会压出大约三分之二的甘蔗汁。除去汁液的碎纤维也就是甘蔗渣，喷上少量水之后，再送往另一组辊磨机。干燥后的甘蔗渣，经过燃烧足以为整个工厂的日常运转提供能源；富余的部分，要么卖给附近的发电站或者造纸厂，要么和糖蜜混合在一起做成动物饲料。

[1] 古尔糖（gur）是印度的一种含蜜糖。释义来源：《汉英制糖技术词汇》，孙卫东、于淑娟编，北京：中国轻工业出版社，2010年，第64页。

刚榨出来的甘蔗汁是一种淡灰色的浑浊液体，保留了甘蔗中大约 97.5% 的糖分。这些甘蔗汁中有 16% 由溶解或者悬浮的固体物质组成，它们 85% 到 90% 的成分都是蔗糖。下一步就是把甘蔗汁加热到沸点，然后加入石灰。这个步骤会产生大量沉淀，迅速在底部形成沉积物，上层留下的则是清澈的液体。沉积物像“泥巴”一样，可以当作肥料施用在农田里。澄清的甘蔗汁继续加热蒸发，先是在敞口的容器中，然后是真空罐里。最终，糖开始结晶，形成一种蔗糖晶体和糖浆的混合物——糖膏。接着把糖膏送入离心机，以每分钟高达 1200 转的速度进行分离。

现在我们得到了两种产品——原糖和甘蔗糖蜜。糖蜜的部分，接着会重复进行两次熬煮、结晶和离心过程。一般在第三次熬煮之后，糖蜜里残存的糖分就不多了，也就没必要继续进行结晶提取了。无论含糖量多少，最终的糖蜜有多种不同的利用方式，比如做朗姆酒、酵母，或者家畜饲料。

三次煮糖后提取的原糖颜色，一次比一次深：最浅的叫作德梅拉拉 [1] 砂糖（Demerara）——名字和圭亚那的一个地名有关，但大部分原糖的产地早已经不是圭亚那了；第二次结晶叫作浅色混糖（light muscovado），第三次结

[1] 德梅拉拉是圭亚那的一个行政区，曾经是糖的主产区。

晶则被称为深色混糖（dark muscovado）。

原糖的下一个目的地就是消费国。三种原糖要么混合在一起，要么分开运输，最终都是在消费国进一步加工成精制白糖。

原糖加工的第一步是洗涤，接着在水中溶解，再使用木炭对原糖溶液进行脱色处理。脱色后的溶液进入真空蒸发器，加热熬煮，直到糖的浓度升高到适合结晶的水平。接着将少量的糖晶体投入浓缩糖浆，结晶过程就开始了。时间控制的精确程度，决定着新形成糖晶粒的大小。蒸发器里形成由结晶糖和糖蜜组成的混合物，随后被转移到大型离心机中。每个离心机的外缸中都有一个多孔筛篮，随着筛篮旋转，糖蜜通过筛孔排出，结晶糖则留在筛篮里。如果需要做糖块，就把还泛着潮的结晶糖倒入浅平托盘里，盖上盖子，缓慢通过加热室。这一步出来的薄薄的糖板，再用井字刀切割一下就是方糖。

除了通过蒸发甘蔗汁来制作原糖，有些种植园的工厂还会把甘蔗汁加工为耕地白糖（plantation white）。这一加工可能会用到“亚硫酸法”——把二氧化硫和添加了石灰的甘蔗汁混合，生成亚硫酸钙沉淀从而将糖汁中的胶体、色素吸附而除去。反应过程中也可能生成磷酸钙，或者同时生成磷酸钙和亚硫酸钙。还有一种加工方法叫“碳酸法”，是甜菜糖的固定处理流程，在甘蔗糖的加工过程很少使用。不论使用哪种方法，得到的都是几近透明无色的甘蔗汁，随后会在蒸发器中干燥结晶，最终成为我们熟悉的白糖。

甜菜糖

糖用甜菜，拉丁学名 *Beta vulgaris*（属于 *circla* 亚种），根茎为白色。甜菜属的作物里，常见的有红甜菜根、莙荙菜[1]。甜菜喜欢生长在温带气候，需要排水良好又深厚的石灰质土壤。1747 年，德国化学家马格拉夫第一次发现可以从甜菜根中提取蔗糖。不过，直到拿破仑战争[2]时期，一位在法国工作的德国人阿哈德才证明了甜菜制糖可以商业规模化。与甘蔗相比，甜菜的优势在于它可以在温带气候中生长。1811 年，法国为了抵消由于反法同盟封锁而无法进口蔗糖的影响，开始生产甜菜糖。

甜菜根产生的糖蜜过于苦涩，实在是不符合人们的口味，因此甜菜糖的生产一般没有提取原糖这个环节，一步到位，直接生产精制白糖。首先把洗过的甜菜切丝，装入

---

[1] 莙荙菜（*Beta vulgaris subsp. vulgaris*）即叶用甜菜，是甜菜的一个变种，根不能用来制糖，地中海料理中常用。

[2] 指 1803 至 1815 年间，拿破仑·波拿巴统治下的法国与英国、普鲁士、俄罗斯以及奥地利之间的一系列战争，史称拿破仑战争（Napoleonic Wars）。

一连串十几或者几十个处理罐中，利用渗出法萃取甜菜原汁。甜菜丝从一端沿着固定的方向，按顺序经过一个又一个处理罐；同时，清水从另一端，沿着相反的方向流过处理罐。换句话说，在这条萃取链的一端，进入的是新鲜的甜菜丝，流出的是富含糖的甜菜汁；而在萃取链的另一端，进入的是清水，流出的是被“榨干”的甜菜丝。流出来的甜菜汁接下来就进入精炼环节，原理和过程都和蔗糖精炼差不多。

英国人消费的白糖中，差不多有一半是甜菜糖，另一半是甘蔗糖。

第五章
红糖比白糖好吗？

今天，甘蔗中大部分的糖分最终都被精制成白糖，一小部分会直接以红糖（即未精炼的原糖）出售。

没有精炼的原糖，其特性受到很多因素影响。首先，在第一次到第三次结晶的过程中，每次产生的原糖里，糖蜜的含量都在不断提高——由低到高分别是德梅拉拉砂糖、浅色混糖和深色混糖。随着反复煮糖和结晶的过程，结晶产物的焦糖化程度也越来越高，因此，每次煮糖之后得到的原糖，颜色都会变得更深，同时焦糖和糖蜜的风味也会变得越来越浓烈（糖蜜在英国叫“treacle”，也就是糖稀）。

此外当然还有其他的影响因素。不同品种的甘蔗所产出的糖“杂质”，含量也各不相同，这些杂质在结晶过程中会附着在原糖上。只有选择合适的甘蔗品种，并且在收割时注意去除杂质，才能生产出匀净、透亮，口感和香气都令人愉悦的棕色晶体。

如果不是按照这样严谨的标准，进行如此细致的操作，即使用同样的工艺流程，生产出的原糖也可能会是一堆劣质的原糖：杂质清晰可辨，颗粒大小不均，整体味道一点都不好闻。这种情况一般很容易出现在深色混糖结晶的过程中，但有时候，德梅拉拉砂糖结晶的过程中也会出现。如果这一步生产的原糖还需要继续精炼，那倒也无关紧要。不过，在市面上也会看到这种不太适合食用的劣质原糖，跟可以直接食用的干净原糖并排摆放在货架上出售。拿茶匙分别舀出一勺放到白色碟子上，左右晃动形成薄薄的一层，凑近了看很容易就能分辨出其中的不同。

不过，**消费者能买到的红糖，并不都是没有精炼的原蔗糖。有些红糖是用白糖——甜菜糖或者甘蔗糖都行——混入糖蜜或者焦糖制成，也就是说给白糖上了一个色**。遗憾的是，用这种方法制成的浅褐色糖也可以被称为德梅拉拉砂糖，而且它看上去和甘蔗制糖过程中第一次煮糖后提取的原糖确实很像。

未染色的红糖，和通过在白糖中添加糖蜜后生产出的红糖有什么区别？这就需要更仔细地检查了。如果是后者，你会发现它的颜色好像只是表面上浅浅的一层，用水一冲就会露出白色的蔗糖晶体。不过，假如是在英国，倒不用通过这种方式来检查，你只需要看看标签就能分辨。

原糖的标签上都有“非精炼”（unrefined）或者“原糖”（raw）的字样，而且会标明原产国。而用糖蜜“染色”做出来的红糖也有标签，上面会写明它的原料，比如“原料：蔗糖、糖蜜”。此外，标签上一般还会有“浅棕”“深棕”“伦敦德梅拉拉砂糖”或是“金砂糖”这样的描述。

曾经有段时间，人们认为红糖和全麦面包[1]这样的食品从纯度上来看不够“纯净”，味道也没那么好，所以它们的价格卖得也不贵。结果就是，有钱人吃的才是白面包和白糖，而不那么有钱的人呢，他们的愿望就是能吃得上白面包和白糖。但是，时不时地也有一小部分人认为，红糖的颜色不只是表明它的“纯度”，更重要的是，这样的颜色也意味着红糖中还有一些重要的营养成分没有被“精炼掉”，所以（和白糖相比），红糖其实是更好的食品。很多人买红糖是因为他们觉得红糖是一种“原糖”。如果是为了它特殊的口味，那倒还罢了，但如果买红糖的原因，是认为它还保留着一些白糖没有的营养物质，那就搞错情况了。正如前文中提到的，市面上有大量“红糖”都是用焦糖或糖蜜给白糖（甜菜糖或是甘蔗糖）上色制成的。

营养学家们的传统观点曾经是，不论是“染色”后的红糖还是真正的原糖，营养价值都没有明显高于精制白

[1] 原文为“brown bread”，是一种用全谷物粉（比如全麦粉）加上糖蜜或是咖啡制成的褐色面包。在加拿大大部分地区、英国和南非，一般统称为“全麦面包”；而在加拿大滨海诸省，“brown bread”特指加入糖蜜制成的面包。

糖。在写这本书第一版的时候，我和他们看法一样。但是，从那时候开始，我和同事们做了一系列实验，结果表明，至少有些原糖可能会提高餐食的营养价值。

我们决定做这些实验，是因为1981年在杂志上看到一系列有关苏联实验室进行的研究报道。他们在实验中使用了大鼠和小鼠，分别喂给它们含有白糖（精炼的糖）或者红糖（未精炼的糖）的食物。结果显示，吃红糖的实验动物拥有更快的生长速度、更长的寿命、更低的血液胆固醇含量，每窝产崽数量更多，代谢也更好了——尤其是碳水化合物的代谢。因此，苏联的研究者们认为，红糖的种种益处源于其中所含的一系列复杂的有机物质，他们将这类物质命名为“生物活性物质”（BAS）。

这样的结果实在太惊人了，所以我们决定在自己的实验室里做个验证。我们先是按照惯例做了实验用的餐食，其中包含蛋白质、脂肪、维生素和矿物盐，接着分别加入精制白糖、红糖或是纯淀粉。然后把大鼠分成三组，分别饲喂三种不同的餐食，持续饲喂三周。我们的实验结果和苏联研究报告中显示的大不相同。首先是无法认定苏联研究报告中的结论，因为三组大鼠在生长速度、产崽数量，以及碳水化合物代谢方面的表现都是相同的。唯一的差异存在于吃食用糖和吃淀粉的大鼠之间——但这些差异我们早就在之前的研究中发现过。

在进行了大约两年的实验后，我们决定在正式结项之前做最后一次调查，想看看不同餐食对大鼠后代的影响，说不定会出现很有意思的结果。幼崽出生后，我们允许它们和母亲待在一起，一直到准备好断奶的时候，也就是三周龄左右。令人惊讶的是，吃淀粉或是精制白糖的两组大鼠，它们产下的幼崽中约有一半在十至十五天死亡；而吃红糖组的大鼠，它们产下的幼崽大部分都可以存活到二十二至二十三天断奶的时候。我们重复了好几轮实验，一直到每组大鼠的产崽总数都达到 300 只左右。在出生的 909 只幼崽中，淀粉组的存活率为 37%，精制白糖组的存活率为 53%，而红糖组的存活率接近 90%。不仅如此，有幸存活的“淀粉鼠崽”和“白糖鼠崽”，都很明显地表现出一些疾病症状，比如腹部肿胀、后肢无力，等等；而“红糖鼠崽”却没有出现这种异常现象。

我们无法确认红糖中到底是什么物质起到了“保护”鼠崽的作用。不过，实验结果倒是能证明，起作用的并不是什么复杂的“生物活性物质”——因为即便我们把糖烧成灰再加进餐食里，同样还是会有“保护”效果。在焚烧的过程中，所有的有机质包括糖本身都被烧没了，灰烬中留下的只有矿物盐。我们把这些灰加入白糖组大鼠的餐食之后，它们产下的幼崽大部分也都能存活了，跟红糖组大鼠一样。

从白糖和红糖的价值比较中，我们可以得出什么结论呢？首先可以肯定的是，和白糖相比，“染色”的红糖在营养价值上并没有显著优势；虽然它的成分里多了糖蜜，但量实在是太小，不足以提升红糖的营养价值。其次，到目前为止，我们并没有发现原糖能够修正白糖给健康带来的负面影响。但不得不说的是，第三，在结晶过程中附着了相当数量糖蜜的深色混糖，其中确实含有一些物质，在某些情况下能够起到提升餐食营养价值的作用。

设计这个实验并不是觉得或许能直接搞清楚原糖对大鼠幼崽健康影响的原因，而是因为繁殖是一个充满生理压力的过程，从怀孕开始，到生育、哺乳，身体一直都处在重压之下。这样的压力，更有可能会让那些在大多数时候看起来营养充足的餐食，暴露出原本难以被察觉的营养缺陷。

那么，**如果有人问我“到底该吃红糖还是白糖”，我的答案分两个层面。第一，我坚定地认为最好的选择是不吃糖，原因在下文中都会提到。第二，如果你觉得自己必须吃点儿糖，那么选择红糖是有道理的，前提是选择真正的优质原糖——也就是干干净净的深色混糖**，这种糖里的糖蜜和那些尚不能确定身份的营养物质的含量（相对）最高。当然，更应该牢牢记住的一点是，所有常见的软饮料、冰激凌、糖果、巧克力、蛋糕还有饼干，它们加工过程中使用的都是精制白糖。

第六章
精制与未精制

现如今，谈论“精制”食品和“未精制”食品似乎成为一种潮流。尤其在关于白糖和白面包的讨论中，提到碳水化合物时，最常用到这样的词语。我并不赞同这样的说法。

糖的精制过程和面粉的精制过程并不能相提并论。在磨面粉之前，会先去掉小麦的麸皮和胚芽，也许还有胚乳的最外层和麦粒的最里层，然后磨出来的才是白面粉。在这个精制过程中去掉的东西都可以食用。换句话说，把完整的麦粒直接磨碎就可以吃。将麦粒直接磨碎做成的面粉，含有麦粒中 100% 的成分。市面上所谓的全麦粉，含有完整麦粒 92% 的成分，白面粉通常也还能保留 72% 的成分。但是用甘蔗制糖的过程呢？在第一步制备甘蔗汁的过程中所去除的蔗渣里，就包含了甘蔗中大部分的不可食用纤维素、附着的树胶，以及其他不可溶物质。紧接着的澄清、沉淀、浓缩和结晶等一系列步骤，都会进一步去除不需要的杂质。之后得到的所谓“未精制的原糖”，只保留了甘蔗 20% 左右的成分，再精制成白糖可能就只有 15% 至 16% 了。可以说，原糖跟甘蔗已经完全不是一回事了。

因此，说“未精制”的原糖在某种程度上是甘蔗糖的“完整”或是“天然”产品，而精制白糖在某种程度上是“人造的”或是“非自然的”，这根本就没道理。所以，我非常讨厌这样的词，如果用它们描述全麦粉和全麦面包，从某种程度上倒还算合理，如果说的是糖，就完全是噱头了。在营养价值层面把原糖和全麦面包做类比，或者把白糖和白面包做类比，更是大错特错。

纤维

很多人认为，在现代国家的膳食变化中，与疾病模式最相关的，应该是从高比例摄入“未精制”食品转变成高比例摄入“精制”食品。这种观点的主要依据是，在非洲农村地区，人们的日常饮食中大部分是富含纤维的未精制谷物；冠状动脉血栓病和其他一些富贵病在这些地区都很少见。反观富贵病频发的国家，吃的通常是白面包而不是黑面包，所以日常饮食摄入的纤维也更少。

这种观点有一个假设前提，那就是谷物“天然”就是人类饮食的一部分，而且占据相当大的比重。不夸张地说，这是一种很短视的看法。谷物是在大约一万年前进入人类饮食的，而一万年是什么概念呢，是我们演化为独立物种在地球上生活的总时长的 0.5%[1]。在这之前的至少两百万年时间里，我们的祖先和其他物种一样以采集和狩猎为生。农业出现之后很短的时间内，人类的日常饮食结构发生骤变，开始摄入大量谷物之类的高淀粉高纤维食物。但这么短的时间内，人类还无法完全适应这种新的饮食方式。换句话说，从演化的角度来看，这么短的时间实在来不及出现重大的遗传变化，让我们这个物种去适应新的饮食结构。如果今天的饮食中纤维含量比一百多年前更少，这种变化趋势其实是在向新石器时代之前我们祖先的无谷物饮食靠拢。

这是我还没有接受“缺乏纤维导致富贵病”这种观点的原因之一。还有一个原因在下文中会详细介绍，简单说就是，人群比较（人口流行病学）研究得出的证据有可能会出现误导。生活在非洲偏远地区或者第三世界国家的人群，他们的生活方式和工业化、城市化地区的人存在很大差异。比方说，和他们相比，我们的饮食不仅纤维少，还包含更多的肉类、脂肪、奶（制品）、糖以及其他各种各

[1] 公元前 250 万年左右，人属物种出现。人属（Homo）是灵长目人科的一个属。今天生活在世界上的现代人，是人属唯一幸存的物种——智人。

样的食物。总的来说，我们吃得就比他们多。不仅如此，我们动得也少，吸烟更多，更多地暴露在工业污染中。

最后，已经有实验通过比较含有纯淀粉（或者“精制”面粉）的饮食与含有纯蔗糖的饮食，揭示了糖对身体代谢产生的巨大影响。因此，**高比例摄入精制饮食与高比例摄入未精制饮食这两种饮食模式给健康带来的影响，并不能归因于饮食中是否含有纤维，而仅仅在于是否含有糖而已。**

第七章
不是只有糖才甜甜的

说起糖，我们首先想到的就是它很甜。但糖还有很多不同的特性，它能够帮我们保存食物，能够做成糖果，加热之后利用焦糖化反应能够增强食品的风味和卖相，能够赋予软饮料“口感”，能够促进果酱中果胶的凝出，当然，它还能为我们提供热量。替代性甜味剂可以分成两类，第一类只提供甜味，但是上面我列出的特性它们一个也没有；第二类既提供甜味也包含热量，同时还具有糖的一部分（甚至全部）特性和功能。

糖的一些特性与用途

增甜（饮料）
增强风味（罐头蔬菜）
强化口感或是“醇厚度”（软饮料）
保存食物（蜜饯、果脯、果酱）
促进果胶凝出（果酱）
形成纹理、质感（糖果）
降低冰点／凝固点（冰激凌）

续表

焦糖化（糖果、面包棕褐色的外壳）
装饰（糖粉）
发酵（酿酒）

带热量的甜味剂要么是某种糖，要么在化学成分上和某一种或几种糖相关。其中最常用的就是葡萄糖和果糖。葡萄糖属于右旋糖，很容易用淀粉制作，前文也提到过，淀粉是由相互连接的大量葡萄糖单元所构成。在淀粉中加入酸或者碱，或是适量的酶，淀粉颗粒就会分裂成葡萄糖分子。糖果加工时使用的大部分葡萄糖都是糖浆，比如用玉米淀粉做的玉米糖浆。这种糖浆的甜度比普通食用糖要低。

还记得蔗糖吗？它是由一比一等比例的果糖和葡萄糖组成，而其中的果糖似乎就是蔗糖大部分不良作用的“幕后元凶”。不过，糖尿病患者通常会选择食用果糖而不是蔗糖，这是因为果糖不像葡萄糖，在进入血液后不需要身体立刻分泌胰岛素来调节。果糖可能还有一个优势，它的甜度几乎是蔗糖的两倍，这意味着，达到同样甜度所需要的热量也更少。

过去二十多年里，把淀粉加工成葡萄糖和果糖混合物的技术越来越普及，而在此之前只能用淀粉生产出葡萄糖。这种技术是在日本发展起来的，整个流程的关键是葡萄糖异构酶的使用，这是一种能把葡萄糖转化成果糖的酶。通过对生产条件进行调整，最终混合物中葡萄糖转化为果糖的比例也各不相同，比如在转化糖中生成等比例的葡萄糖和果糖，或者 90% 的果糖和 10% 的葡萄糖。转化过程的最终产品一般不会再做结晶处理，而是作为溶液直接使用，通常称为“高果糖浆”（high fructose syrup）。这种产品已经实现了大规模应用，尤其是在美国和日本，一般作为普通食用糖的替代品。根据糖和淀粉的市场价格波动，生产商可以相应地在蔗糖和高果糖浆之间来回转换。也正因如此，欧洲生产甜菜糖的农民说服了欧洲经济共同体对高果糖浆进行征税，并且设置进口配额。

不是糖但也提供热量的甜味剂，一般都是用糖类加工而成的，化学家给它们起名为“多元醇”或者“糖醇”。在果糖中加入氢原子，就能在原有的五个醇基之外再生成一个醇基，于是山梨糖醇就诞生了——这就是所谓的化学还原过程。类似的多元醇类甜味剂还有麦芽糖醇和木糖醇。在数量相当的情况下，这些甜味剂的热量和普通食用糖（蔗糖）的热量差不了太多，但是因为甜度很低，要达到理想的甜度，用量会更大，相应地，热量也更高。这些自带热量的甜味剂对于减肥来说其实没有什么帮助。不过，有时候也会建议糖尿病人用山梨糖醇代替普通食用糖，而木糖醇则会用在糖果和口香糖里，因为它不会伤害牙齿。多元醇类甜味剂最主要的缺陷就是需要控制用量，一旦过量使用很容易导致腹泻。

不含热量的甜味剂在化学成分上和糖类没有关系，而且甜度极高，用量一般也很少，因此有时候也被称为“强力甜味剂”（intense sweeteners）。这一类型的甜味剂，其实大部分是化学家们在实验室中出于其他目的，合成其他化学物质的时候偶然发现的。它们能够减少热量摄入，所以有助于减重，可以帮助类似糖尿病患者这样饱受糖类代谢疾病困扰的病人，可以在战争或者其他资源稀缺的时候当作代糖使用，再或者，可以用它们预防一些因为糖的摄入而引发的疾病（本书后文中有介绍）——这也是令我很高兴的一点。在所有不含热量的甜味剂里，最著名的就是1879年发现的糖精（saccharin）。第一次世界大战期间出现糖的短缺时，糖精的用量大幅度增加。1937年发现的甜蜜素曾经也应用广泛，不过美国和英国目前都禁止使用甜蜜素。阿斯巴甜是一种新型甜味剂，在市场上也越来越受欢迎。

由于这些不含热量的甜味剂不具备蔗糖的醇厚度或者说“口感”，也不能帮助保存食物，所以基本上唯一的用途就是“餐用甜味剂”（table-top sweetener），可以作为茶或者咖啡伴侣，也可以在生产低热量冷饮的时候使用。在家做饭的时候也有人会用到阿斯巴甜，比如做水果沙拉什么的，但这种情况很少。因为缺乏糖特殊的醇厚感，这一类甜味剂与大部分甜点、糖果和冰激凌都无缘了。

时不时就会有人怀疑甜味剂可能对健康有害。尤其是无热量的甜味剂，经常会遭到大众质疑。大概是因为，它们之中大部分的化学成分和天然糖类都存在较大的差异，或者说，它们的成分和天然存在的任何物质都不一样。这样的质疑通常来自一些不够深入或是不够完整的研究所得出的暗示性结果，比如说在实验室饲喂甜味剂的大鼠身上，检测到一些可能的不良反应。这些结果通常很有争议，进而引发更为广泛的调查研究。在这样的实验中，甜味剂的使用剂量通常非常大，比如最近一个关于糖精的测试，使用的剂量如果换算到人身上，相当于一个人每天喝好几百罐用糖精做甜味剂的软饮料。而如此大剂量的糖精，甜度相当于每天摄入 5 千克糖那么多。

我觉得有必要在这里花点时间讨论一下那些无意或是有意进入我们饮食中的各种物质，它们的毒性问题。最重要的是记住一点，真的没有“什么什么是有毒的”或者“什么什么是无毒的”这样的事情，就这样。某种物质的特性固然重要，但同样重要的是它的数量级。没有什么东西在本质上是无害的，水喝多了还会让人“中毒”呢。同样，也没有什么东西在本质上是有害的，在二十世纪早期还有医生会开一些含砷的补药给患者，当然其中砷的含量非常少。

同样，如果有实验说甜蜜素、糖精或是其他任何物质，以普通人每天正常摄入量的五十倍甚至一百倍剂量来做实验，甚至维持这样的剂量长达十年或者更久的时间，之后出现了一些不良反应，然后监管机构就以此为据禁用这种物质，这绝对算不得是明智之举。

美国的情况更为复杂一些，这是因为在 1958 年，美国参议院通过了著名的德莱尼条款，其中规定说“任何一种添加剂，如果人或动物进食后发现致癌，则不能认定其安全性”。根据这个条款，任何食品添加剂，不论以任何剂量，在任何动物身上进行了任意时长的实验，如果发现会引致癌症，那它就不能作为合法的食品添加剂。也正是这个规定使得美国在 1970 年正式禁用了甜蜜素。促成这项禁令的是一个动物实验，研究人员用相当大剂量的甜蜜素和糖精混合物，对一小部分大鼠进行长时间饲喂，结果发现大鼠患上了膀胱癌。在美国发布甜蜜素禁令之后一两周左右，英国紧随其后也发布了类似的禁令。所以，虽说现在还正在进一步核查中，但目前这两个国家的食品行业都不能使用甜蜜素。不过，在西欧地区的十七个国家中，有十六个国家都允许合法使用甜蜜素。

如果有人依然担心人工甜味剂有可能带来的健康危害，可以选择混合甜味剂。因为在混合甜味剂中，每一种甜味剂的浓度都比单一使用它的浓度低，这样的话对人体造成伤害的可能性应该也会相应降低。

甜味剂的相对甜度（以蔗糖的甜度阈值为 1.0）

含热量的甜味剂	
葡萄糖	0.5
山梨糖醇	0.5
甘露醇	0.7
木糖醇	1.0
果糖	1.7
无热量的甜味剂	
甜蜜素	30
安赛蜜	150
阿斯巴甜	200
糖精	300
索马甜	3000

目前，在控制食品添加剂使用的一些国家，可以合法使用的最常见的无热量甜味剂有糖精、甜蜜素、阿斯巴甜、安赛蜜和索马甜。上表中可以看出它们和蔗糖的甜度对比。不过，出于种种原因，这些数字只是近似值。首先，人们对甜味的主观评价各不相同；其次，一些甜味剂的效果可能会因为食品或饮品的酸度而发生变化；最后，甜味剂的相对甜度有时候还会受到稀释程度以及食品或饮

品温度的影响。

无热量的甜味剂也不能完全相互替换。比方说，糖精和阿斯巴甜的耐热性较差，所以在需要长时间烹饪的菜肴中就不会使用这两种甜味剂。

此外，由天冬氨酸和苯丙氨酸这两种氨基酸构成的阿斯巴甜，可能会影响苯丙酮尿症[1]患儿的健康。患这种病的儿童，他们的身体一次只能处理少量的苯丙氨酸，而苯丙氨酸是一种存在于大部分蛋白质中的氨基酸。假如他们日常摄入的苯丙氨酸超过限量值，体内就会产生一种能导致精神损害的物质。一般在十岁以后，儿童就可以摆脱苯丙酮尿症了。与此同时，还需要精心配备餐食，选择不同种类和数量的蛋白质，控制苯丙氨酸的摄入量。当然，还应该告知患有苯丙酮尿症的儿童，哪些饮料中添加了阿斯巴甜，这样他们就能避开这些饮料了。

[1] 苯丙酮尿症（phenylketonuria）是一种造成血中苯丙氨酸过量的先天性蛋白代谢障碍疾病。临床表现为呕吐、烦躁、共济失调、头小、皮肤和毛发色素减退、汗和尿液有鼠尿味，严重者影响智力发育，或为痴愚，或为白痴。释义来源：《实用医学词典》，谢启文、于洪昭主编，第2版，北京：人民卫生出版社，2008年，第38页。

第八章
谁在吃糖？吃了多少？

在世界上很多地方，男女老少平均每年摄入的糖多达45千克，相当于每周将近1千克！每当跟人说起这个，大家都是一脸怀疑地看着我。虽然只是最近才变成这样，也不是所有国家都这样，但这个数据在当下是真实的。在本章中，我想跟你聊聊下面这些问题：糖的消费量是如何变化的；不同国家、不同年龄的人群，他们都吃了多少糖；在消费者的饮食中，各种各样的加工食品和饮料占据多大的比重；以及，人们用于日常调味的食用糖又有多少。

但是在进一步讨论之前，我需要强调一下，这本书里所提到的糖（蔗糖）指的是甘蔗糖和甜菜糖。从食品技术的角度来讲，这两种糖都属于"离心分蜜糖"（centrifugal sugar）。我的论述中并不包括其他原材料生产的蔗糖，比如枫糖和棕榈糖。不过它们占蔗糖总产量的比例不到1%，几乎可以忽略不计。乳糖以及人们通过果蔬摄入的果糖和其他糖类，也不在我的讨论范围内。原因也主要和数量有关。毕竟，离心分蜜糖的消费量要远远高于其他来源的蔗糖。我们有一项研究发现，成年人摄入的碳水化合物中，有一半左右是淀粉，35% 是离心分蜜糖，7% 是乳糖，剩下的 8% 是来自果蔬的各种混合糖类——主要是葡萄糖、果糖和蔗糖。

1850 年，全世界的食用糖产量大约是 150 万吨，四年后增长到 500 多万吨；到二十世纪初，食用糖产量已经超过了 1100 万吨。除两次世界大战期间出现了一些回落，食用糖的产量一直保持着快速的增长。

世界食用糖生产情况

1938—1958 年的二十年间，全球范围内许多商品产量都出现增长。以食品为例，可乐的产量增长了 20%，(牛)奶的产量增长了 30%，肉类和粮谷类作物产量增长了 50%……但这其中最令人瞩目的当属食用糖的产量——二十年间增长了 100%。1900—1957 年间，世界人均食用糖消费量从每年 4.9 千克增长到 15.4 千克，到现在已经是每年 20 千克了。但是这样的增长在不同国家的表现也存在差异。从食用糖的消费增长来看，那些增速最快的国家，其实食用糖的消费量一直到最近都处于很低的水平。

“二战”之前，意大利每年的人均食用糖消费量从来没到过 9 千克，但是到 1970 年，这个数字飙升到了 27 千克。而在一些食用糖消费量一直维持高水平的国家，增长幅度反而很小，甚至没有增长。比如在英国，人均食用糖消费量从每年 45 千克增长到 54 千克，而美国甚至一直没有变化，维持在每年 46 千克左右。看上去，人均食用糖消费量似乎存在一个 45 千克左右的阈值。比较富裕的国家是在两百年的时间里，以稳定而缓慢的速度逐渐达到这个阈值；比较贫穷的国家，正在以飞快的速度往阈值的方向发展。

关于这一点，英国在过去很长一段时间以来的数据应该是最典型的说明。大约在两百多年前，英国人每年的人均食用糖消费量还只有 2 千克左右。十九世纪中期，这个数字变成了 11.3 千克，翻了五番还多。到今天，这个数字是每年 45.3 千克。短短两百年的时间里，英国的人均食用糖消费量增加了二十多倍。换句话说，**两百年前人们一整年吃的糖，现在只够吃两周的。**

我们一直在研究食用糖消费量的增长方式，尤其是过去两百多年时间里发生的变化，同时也在研究不同国家食用糖消费量的差异。概括来说就是，食用糖在富裕国家的消费量高，在贫穷国家的消费量低。我想多聊聊富裕国家和贫穷国家的饮食结构，虽然它和食用糖消费量没有直接关系，但间接影响是切实存在的，而且还可以让我们更好地了解收入水平是如何影响饮食结构的。

首先，结合平均国民收入的数据，我们来看看不同国家的居民饮食结构，然后计算一下它们分别提供了多少热量，多少蛋白质、脂肪和碳水化合物，以及这些碳水中糖和其他来源（主要是淀粉）所占的比例。

如果把贫穷国家和富裕国家做个对比，你会发现饮食提供的总热量从每天的 2000 千卡增加到了 3000 千卡，增幅在 50% 左右。饮食中的蛋白质总量从每天 50 克增加到 90 克，增幅大约是 80%；而饮食中脂肪总量从每天 35 克增加到 140 克，翻了四番。无论是穷国还是富国，饮食中碳水化合物的总量大致是相同的，不过，在最贫穷和最富裕的那些国家，饮食中碳水化合物的总量都更低一些。在最贫穷的国家，不论哪种物资都很匮乏；而在最富裕的国家，人们能吃到太多富含蛋白质和脂肪的食物，相应地，富含碳水化合物的食物就吃得比较少了。

除了碳水化合物消费量的相似性，更有趣的地方是，如果对比一下穷国和富国，你会发现人们在碳水化合物的消费类型上存在很大的差异。和穷国相比，富国消费者吃的碳水中，糖的数量占多数而其他碳水化合物（主要是淀粉）的数量相应就会减少。随着一个国家变得越来越富裕，类似的情况也会出现：人们吃的糖越来越多，而吃的面包、大米、玉米、土豆或者其他淀粉类食物会越来越少。

虽然关于个人食用糖消费量的公开信息很少，但是日常生活经验告诉我们，个体之间其实存在很大差异。有些人喝茶喝咖啡都不用加糖，他们很少喝甜饮料，也几乎不吃糖果和甜品。而有些人美好的一天是从甜麦片开始的，喝任何热饮都要加糖，时不时地吃一把糖果，三餐之间来点儿蛋糕和饼干，餐后还得加一块精心烹制的“高糖”甜点。

我们在伊丽莎白女王学院营养学系做了一个研究，选取不同年龄的儿童、成年男性和成年女性，分别测量了他们的食用糖摄入量。这些数据不一定有代表性，但我还是把我们的测量结果列了出来（见下表），因为它们确实能够反映出一些普遍特征。

对此我想补充一点，我们的测量数据可能比实际摄入量还要低一些，因为人们偶然喝过的甜饮料、吃过的巧克力什么的，很容易就忘掉了。不过，虽然我们的实验数据只是近似值，从中依然可以发现一些有趣的信息。

每日食用糖摄入量（人均，单位：克）

年龄	男性	女性
15−19	156	96
20−29	112	101
30−39	126	100
40−49	96	83
50−59	90	83
60−69	92	63

这组数据最突出的一点是，**十几岁男孩子的食用糖摄入量非常之高，比同年龄段女孩子的摄入量高出50%**。随着年龄的增长，这种性别之间的差异一直存在，虽然会变得越来越不那么明显。从二十岁起，男性的食用糖摄入量比女性高出 15% 到 20% 左右。有可能是因为女性更加注重自己的体重问题，所以她们会故意——并且明智地——限制自己的食用糖摄入。随着年龄增长，人们的食用糖摄入量呈现出递减的趋势，可以看到六十多岁的人比二十多岁的人少吃三分之一的糖。

上面这些数据出自我们在伦敦进行的研究，我也试着找过别人发表的统计数据。不过，大部分统计数据都只包括了（有限的）几种糖。

在美国有一项研究，调查了艾奥瓦州 1000 多名年龄在十四至十八岁之间的青少年，结果显示，男生平均食用糖摄入量是每天 389 克，女生则是每天 276 克。在他们的日常饮食中，糖所提供的热量占每天热量总摄入的 40%。美国整体人口层面，糖的平均供能比例是 18% 左右。一项对南非十七岁白人青少年的研究显示，虽然糖的摄入量并没有（英国和美国）那么高，但是依然有三分之一的男孩每天平均吃掉 241 克糖，三分之一的女孩每天平均吃掉 171 克糖。

毫无疑问，青少年对这些食品的消费量也比成年人更多。以十三岁的儿童来说，每天的食用糖摄入量大约是 212 克。在他们每天通过饮食摄入的 3000 千卡热量中，光是这些糖的热量就高达 850 千卡了。可以肯定的是，一定有很多孩子单是吃糖果所摄入的热量，就占到自己食物总热量的至少一半了。

你可能会想，在两餐之间吃了那么多糖，他们在吃饭的时候就会减糖的。根本不是这样。我的一个同事发现，好几所英国学校的午餐中，糖的供能比例大约是 25%。总的来说，孩子们在学校吃的东西和家里是一样的。这么看来，儿童的糖摄入量是高于人群平均值的，有时候多得不止一点点。这些糖不仅来自他们在正餐之间吃的零食、喝的饮料，一日三餐本身也提供了许多糖。我相信，其中有一部分原因在于父母的态度，他们希望借此给孩子带来快乐，赢得孩子的喜爱，同时为孩子的成长、学习和玩耍提供必要的热量——至少父母是这样认为的。

《泰晤士报》曾经报道过这么一件事，有个年轻小伙子每周的糖摄入量超过 2.9 千克，相当于每年吃掉将近 158.7 千克糖。他的牙医抱怨说，好不容易把小伙子的牙齿一颗一颗补好，结果六个月之后，他又重回满口龋齿的状态。在我们自己的研究中，创造纪录的是个十五岁的男孩，他每天的糖摄入量大约是 453 克上下，光是吃糖就能提供 1700 千卡的热量了。

正如有些人吃的糖远远超过平均水平，当然也有人吃的糖是低于平均数的。我们的数据表明，人们食用糖摄入量的变化幅度，远远大于其他食品。比如，有人每天的糖摄入量只有 15 克，也有的人每天吃掉将近 400 克糖——后者一天内吃下的糖相当于前者一个月的总量。

总的来说，我觉得很难反驳的一个结论就是，虽然美国和英国的人均食用糖摄入大约占到 17% 或 18% 的供能比例，但如果是儿童，这个数值会提高到 25% 甚至更多。我想再说一遍，一定有些人每天有将近 50% 的能量摄入来自糖。按照绝对值计算的话，很多儿童每天的食用糖摄入量达到了 283 克，而不是全国的平均值 141 克。

如果你认为我是在夸大儿童的食用糖摄入量，那请允许我引用美国制糖业的公关组织——糖业信息的一段广告词吧。我们可以暂且忽略“肥胖”，稍后我会提到更多和肥胖有关的信息。以下是一部分广告词：

> 可能有人曾经跟你说“别吃这个，别喝那个”，因为里面都有糖。假如你想验证一下这种说法是不是有道理，下次在外面路过一群小孩的时候，不妨多看一眼。说起含糖的食品和饮料，孩子们吃得肯定比任何大人都多。但是，日常生活中我们见到的“小胖子”又有几个呢？
>
> 好的营养来自均衡饮食，能给我们的身体提供蛋白质、维生素、矿物质、脂肪和碳水化合物，数量合适，种类又齐全。糖就是一种重要的碳水化合物。既然讲适量，那糖也应该在均衡饮食中占据一席之地才对。

这段广告中我最喜欢的词是“适量”。问题是，现在的孩子平均每天吃下去将近 200 克糖，供能比例可能达到了 25% 甚至更多，这真的“适量”吗？

“适量”这个概念想必大家都耳熟能详，所以我想继续聊一聊。假设时间倒退个几百年，那时候美国人和英国人平均每周的食用糖消费量也不过 100 克左右。如果有人对你说应该适量吃糖，你会觉得“适量”的意思是每周不超过 85 克糖吧。不仅如此，如果有人跟你说“适量”的意思是每天吃掉 28 克糖，每周能吃 196 克，想必你一定会反驳——那也太多了点。但是今天的人能接受每天吃掉 142 克糖就是适量的。只有当一个人的摄入量比这个数字多得多时，大家才会普遍觉得是过量摄入了。

我们再来看看婴幼儿。

在两三个月大（甚至更早）的时候，婴幼儿就开始吃辅食了。常见的辅食有谷物（比如米粉）、蛋黄、肉糜、蔬菜泥和果泥。很多妈妈都会在谷物和果泥中加点儿糖；尽管并不常见，但有些妈妈会在蛋黄、肉糜和鱼糜中也加点糖。我还见过更奇怪的习惯，比方给宝宝选用含有中空部分以便放糖浆的安抚奶嘴，或者时不时就把安抚奶嘴放进糖罐里蘸一蘸。

我认识一个四口之家，家里有爸爸、妈妈、四岁的女儿和一个刚六个月大的小婴儿。这家人每周会使用掉 4.98 千克的糖，这还不算他们平常买的各种饼干、冰激凌以及其他含糖食品和饮料。家里的小宝宝奶嘴就在糖罐里放着！

很多人认为的“糖”指的就是买回家看得见摸得着的食用糖。但事实上，**市面上各种各样的食品，无形中已经自带越来越多的糖**。假如你注意一下自己的糖摄入量，就会发现随着时间的推移，家庭用糖所占的比例越来越小，而加工用糖所占的比例越来越大。所谓家庭用糖，大部分都是家庭主妇们买来用的，还有一小部分是咖啡馆和饭店里供应的糖。加工用糖则是在食品加工厂使用的糖，最终会以糖果、冰激凌、软饮料、蛋糕、饼干等形式进入我们的生活。现如今，越来越多的食品开始添加糖，尤其是各种包装精美的“方便食品”。

含糖加工食品的消费量不断增加，我认为这背后存在着好几个原因。其一，由于激烈的竞争，食品制造商会持续不断地研发新产品，或者升级原有的产品——每次更新和升级的目的当然都是为了推出比之前更诱人的美味。消费者会发现，自己想对这些美味的食品和饮料说“不”已经越来越难了。1981 年，含糖食品的广告支出达到了将近一亿英镑，其中五千三百万英镑用在了巧克力和糖果的广告上。

其二，正如前文中讨论的那样，除了甜味，糖还有其他许多特性。糖具有特殊的质感，能以结晶的形式存在，也能以非结晶的形式存在，能溶于水，在加热时颜色和香味还会产生变化——正是这些特性，使得它成为各类食品加工过程中不可或缺的元素。糖能够促进果胶凝出，产生高渗透压，从而抑制霉菌和细菌的生长——对于果酱制作而言，这是至关重要的特性。不需要添加太多，糖就可以起到提升食品风味的作用，而且还不一定会增加甜度。除了这些，糖还有其他许许多多的特征，共同赋予了它非凡的多样性，使它可以应用在各式各样的食品和饮料中。

逛超市的时候，如果你看一看各种食品的配料表，然后列出一张含糖食品清单，就很容易发现一个事实：除了蛋糕、饼干、甜点和软饮料这些明显含糖的食品，几乎每种汤品罐头、焗豆罐头、意面（酱），以及各种肉罐头、早餐食品、冷冻蔬菜和即食菜品，还有大部分的蔬菜罐头，都额外添加了糖。虽然像肉类或者素肉制品这类食物中只添加了很少的糖，但是大部分加工食品中的含糖量都高到不可思议。逛超市的时候我看到有一两种汤品罐头、一两种早餐食品、几种泡菜还有酱料，在配料表中糖排在第一。

含糖加工食品的消费量为什么一直攀升，原因之三就在于大家都喜欢买“方便”食品，而这类食品以前通常都是家庭制作的。从我自己的抽样调查来看，这些方便食品的含糖量比自己在家制作的同类食品要高得多。食品制造商似乎发现了一个秘密，或者说至少他们对此深信不疑，那就是消费者吃什么都喜欢加点儿糖，而且糖加得越多越好。在过去的两三年里，我发现在酒吧点一杯不加糖的番茄汁简直太难了。这可是我最爱的饮料啊。还有一种我喜欢的食物是花生酱，但是英国最畅销的两个花生酱品牌也替我做了决定，认为花生酱里还是加点儿糖更好。此处应该给“健康食品”加一分，至少有些“健康花生酱”是不加糖的——不过，现在还没有。

大部分一直吃糖的人，糖的摄入量似乎会越来越高，至少看上去是这样的。当然反过来也是如此。很多人出于控制体重或是其他更重要的原因，会开始限制自己的糖摄入量。一段时间后，如果在社交场合不可避免地吃了点儿含糖的食品和饮料，他们往往会觉得甜度太高无法忍受。我的孙子本杰明是个很有教养的孩子，他三岁生日的时候只吃了一口自己的蛋糕，就再也不肯咬第二口，据他说，“实在是太甜了”。

让我意外的是，除了上文中提到的花生酱，有很多所谓健康食品的含糖量也很高。那些原本应该“对你有好处”的食品，似乎也是糖大显身手的地方。和那些花哨的早餐健康食品（比如各种牌子的什锦麦片）相比，鸡蛋和培根，或者英国人最喜欢的腌鱼，都是更为健康的选择。

现代人这么爱吃糖还有一个原因，那就是随着经济条件越来越好，生活中时不时就会出现长时间坐在电视机前，或者开车外出旅行的场景。正是这些场景促进了零食和软饮料的消费，因为它们价格不贵，而且随时都买得到。一般的零食和几乎所有的软饮料，含糖量都是很高的。

关于软饮料我还想补充一点。我小的时候，如果口渴了就会去喝一杯水。而现在，孩子们口渴的时候，似乎只有含糖的可乐和饮料才能解渴。成年人也一样，只不过多了一个选择——啤酒之类的含酒精饮品。就这样，无形之中我们消费和摄入了越来越多的糖。时下流行的一些鸡尾酒，会加入奎宁水或是甘柠汽水来调配，大家几乎不会想到这也是自己糖摄入量的来源之一。在你喝杜松子酒或者伏特加的时候，往里加上两小瓶奎宁水或是甘柠汽水，你就已经喝下了将近 30 克甚至更多的糖。

对于像我这样极力避免吃糖的人，或者对于那些饱受遗传性果糖不耐受症 [1] 的人（他们一吃糖就生病）来说，生活实在是艰难。但我也很高兴看到，越来越多的食品制造商开始不在产品中加糖了，超市里带有“无糖”或是“无添加糖”标签的产品也越来越多。其中尤其令人欣慰的是，越来越多的婴儿食品也开始贴上这样的标签。

---

[1] 果糖不耐受症（fructose intolerance）是进食果糖后血中果糖水平升高而葡萄糖水平降低，因而出现低血糖、黄疸和蛋白尿的疾病。病因为隐性遗传的缺乏果糖–磷酸–醛缩酶。释义来源：《实用医学词典》，谢启文、于洪昭主编，第 2 版，北京：人民卫生出版社，2008 年，第 290 页。

第九章
你认为是什么，就是什么

当我们用不同的词语来描述同一种东西的时候，很容易让人产生困惑。比方说，同样是电梯，英国人说“lift”而美国人说“elevator”；房地产呢，英国人说“property”而美国人说“real estate”；汽油在英国是“petrol”，在美国是“gas”……类似的例子不胜枚举。更容易产生误解的是，有时人们会用同一个词，指代不同的东西。在美国，女性会把自己的手提包叫作“purse”；而在英国，女性的手提包是“handbag”，包里放着的钱夹才是“purse”。美国人的钱夹则叫“wallet”。

我在第三章也提到过，“糖”（sugar）这个词有时候指的是雪白的糖粉或者方糖，也就是这本书想要探讨的东西——蔗糖。但还有一些时候，“糖”这个词指的是随着血液在我们血管里流淌的物质，即葡萄糖。另外一个例子是“能量”（energy），这个词对普通人而言是一个意思，在营养学家看来则是另外一个意思。

葡萄糖是水果和蔬菜中都有的糖，通常和其他糖类共同存在。对于生物化学家、生理学家和营养学家而言，葡萄糖是极其重要的物质，因为它是所有动物和植物进行新陈代谢的关键原料。日常生活中的许多食物，进入体内后迟早也都会被转化成葡萄糖。在身体的各个组织中，葡萄糖是参与代谢（或者氧化或者燃烧）过程最重要的物质之一，能够为我们的日常活动提供能量。

能量从哪儿来?

在制糖业主笔撰写的，或是和制糖业合著的几乎所有书里，都有一个章节专门用来告诉读者糖有多么重要，因为它是身体不可或缺的组成部分。这些书里要么明示要么暗示，不论氧化还是代谢过程都和“糖”（蔗糖）有关。但实际上，他们所说的“糖”应该是血糖（葡萄糖）才对。事实上，蔗糖和葡萄糖的化学结构不同，对于身体的影响也有着很重要的差异。当同样一个词——“糖”——既能指代食品中的蔗糖，又能表示血液中的葡萄糖时，无形中就把这些差异隐藏起来了。我们对于这样的模糊定义实在是太习以为常了，到最后，反而很难意识到，食品中的蔗糖和血液中的葡萄糖之间存在的重大区别。

还有一种方法会让我们误以为“糖很重要，即便不是饮食中最关键的部分，也应该是其中一分子才对”。这里我引用制糖业宣传手册中的一句话：“你吃下去的每一口糖，都在帮助身体运转——因为身体就像是一家能量工厂，而糖就是工厂的燃料。”首先，为身体提供能量的燃料应该是此“糖”（葡萄糖）而不是彼“糖”（蔗糖）；其次，所谓的“能量”到底是什么呢？当我们说“小约翰真是精力充沛啊”，我们脑海中出现的是他东奔西跑，上蹿下跳，爬树或是骑着自行车飞奔的景象。另一方面，当我们说“我没精力了”时，是在暗示自己不想做任何事情，只想坐着，要是能躺着就最好了。

所以，如果有人说“糖能让你精力充沛”时，瘫倒在椅子上的你会想，这可正是我想要的东西，能让我变得像小约翰那样。但是，**生理学家和营养学家讨论的“糖”和“能量”却是完全不同的东西。当他们说“糖能让人精力充沛”时，真正的意思是，糖是我们维持生存所需的能量来源之一，就像是给汽车加油一样。但即使我们多加一两升的油，也不会让汽车跑得更快，或者“让汽车更加精力充沛”**。类似地，多吃一勺糖也不能让疲惫的你从椅子上一跃而起，精力充沛地去院子里修剪草坪。

所有的食物都含有“能量”，因为食物中总有一些成分能够为身体运转提供必要的燃料。通常来说，身体组织中会储备相当数量的燃料，这些储备当然都是从吃下去的每顿饭里积累下来的。假如你刚遭遇过饥荒，或者说，假如你体内的能量储备已经消耗殆尽，没什么库存，但是你需要快速给身体组织补充一些燃料，那么吃点儿糖确实是个好主意，因为糖进入体内之后，消化和吸收的速度都很快，可以快速输送到身体组织中去。相对而言，一片涂了黄油的面包在吃下去以后需要多几分钟才能发挥作用。这个微不足道的时间差正是制糖业宣传的所谓糖的“快能量属性”。但是想想看，这种“迫不及待必须从食用糖获取快能量”的情况，难道不是很少见吗？更何况，在下文中我还会提到，糖能够急速进入血液中的这种属性，在更多的时候给身体带来的可能是伤害而不是益处。

有时候我会想，制糖业一直坚称“糖蕴含着能量”，是不是因为它除了热量就什么都没有了。**所有其他的食物在蕴含着能量之外，或多或少都含有一些营养元素，比如蛋白质、矿物质、维生素，或者是几种营养元素混合在一起。但是糖呢，糖蕴含着能量，这就是全部。**

纯净的就是好的？

正如我刚刚提到的那样，所有食物组合在一起，能够为我们维持生存和健康提供全部的必需营养物质。我们的食物要么来自植物要么来自动物，如果不进行任何加工，其中包含着大约五十种重要营养物质。比如一颗圆白菜，除了基本营养物质，还可以提供维生素 A、维生素 C 以及一些钙。而一块肉可以提供蛋白质、脂肪、一些 B 族维生素，以及其他很多营养物质。

现在我们做个假设，如果你不种圆白菜而是种松树，从松树中提取维生素 C 然后服用，你可以说自己吃的是最纯净的维生素 C，除此之外，这种方式和吃圆白菜相比没有任何优势。在这个假设情景中，你其实是得不偿失的，因为除了维生素 C，圆白菜还能提供很多其他的营养物质。

制糖的过程就好比从松树中提取维生素 C。人们种下大片甘蔗或是糖用甜菜，而这部分土地本来可以种植其他"整株都可食用"的农作物。收获后的甘蔗和甜菜经过一系列的提取、清洁、过滤、精炼和提纯过程，最终得到的产物是 100% 的蔗糖。从这个角度来说，制糖业宣称的所谓"糖是有史以来最为纯净的食物之一"，倒是一点儿也没错。

又一次，同样一个词语在使用中却表达着两种不同的意思。在英语中，当我们说水 / 面包 / 黄油很"纯净"（pure），意思是它没有沾染别的杂质，特别是有害物质。"纯净"这个词传递出的是一种有益健康的感觉。但是在化学家眼里，“纯净”指的是一种物质没有和其他任何物质混合在一起，无论这种物质是有害的、无害的还是有益的。一些商业宣传会故意把这两种意义上的“纯净”混淆在一起，以此误导消费者。

糖在加工制作的过程中没有添加任何物质，从化学意义上讲的确是“纯净”的。但这一点实在没什么好称赞的，因为如此说来，它和化学实验室里几乎所有的纯净物质没什么两样。同样，选择纯蛋白粉、纯维生素 B12 或是“纯”的任何其他膳食成分，也没什么好值得高兴的。追逐这样的“纯净”又有什么意义呢？

第十章
他们说，糖的热量能帮你瘦下去

糖在饮食中占的比例太大，将会对我们产生两个方面的影响：其一，我们可能会在正常饮食之外摄入很多糖，这样就会增加摄入的总热量；或者其二，我们通过糖摄入的热量占用了其他食物的热量空间。这两种影响通常是并列存在，共同发挥作用的。根据前文我列出的数据，在我们日常热量摄入中，糖的供能比例大约能占到五分之一，因此食用糖的消费是一个无法忽略的问题。对那些食用糖摄入量远高于平均值的人群而言，糖对他们健康的影响就更加明显了。

"正常饮食之外摄入糖"会增加肥胖的风险，"用糖来替代原本均衡饮食中其他食物的位置"则会提高营养不良的风险。在本章中，我想讨论前者，也就是吃糖导致日常总热量摄入增加的问题。

这本书不是关于肥胖症，或者肥胖症的成因和治疗方法的，所以我只简单地提两个与糖特别相关的事情——其中一个显而易见，另一个没有那么明显，但是最近也已经做了一些科学调查。显而易见的是，人们吃甜食、喝饮料是因为他们喜欢。就像我们遇到难吃的食物就会少吃（吃得比身体需要的少），而遇到美味佳肴就容易吃多（吃得比身体需要的多）一样。

我想重申一下第二章中自己的一些观点。大部分时候，人们吃巧克力或者蛋糕的原因是被它们的卖相和味道吸引，而不是因为身体需要额外的热量。喝含糖软饮料通常是因为口渴了而不是饿了，虽然这些饮料除了能补水，本身还包含很多（我们身体可能不需要的）热量。总的来说，我们吃和喝通常都是为了满足食欲，或者应该说是快乐，而不是为了充饥。

是时候花点时间区分一下“食欲”（appetite）和“饥饿”（hunger）了。让我们想想看，在喝茶和咖啡的时候加糖的人，是因为他们觉得饿，所以需要用这些糖来提供热量吗？还是说，他们其实就是喜欢喝点儿甜的东西呢？如果这真的是和热量有关的问题，那大家肯定只有在饿的时候才会选择加糖了。**一般而言，我们吃糖、吃甜食、喝甜饮料、喝酒，都是为了愉悦和快乐。那些一同吃进肚子的热量，其实都是不可避免的“意外”**。

到底是什么样的食物让超重的人吃个不停呢？仔细想

想，所有能满足我们食欲（而不是为了果腹）的诱人食物，都含有碳水化合物——要么是糖，要么是淀粉，要么是酒精。很多时候，大家不会因为吃了太多的鱼、肉、鸡蛋，或者水果蔬菜而长胖。相反，发胖的背后几乎总是伴随着吃了太多的面包、糖果、巧克力、蛋糕、饼干，或者是喝了太多加糖的茶和软饮料。当然，还有一种可能就是喝了太多啤酒或者酒精饮料。

我和同事戴安娜·阿迪一起做的调查也验证了这一点。我们的调查对象是“瘦身杂志之瘦身俱乐部”的女性会员，一共 1400 位。在调查中，我们让大家每人列出一份“超重时最难抗拒的食物清单”。结果显示，有 25% 的被调查者都把蛋糕和饼干排在首位，72% 的人认为富含碳水化合物的食物是她们最大的诱惑。在清单上提到的所有食物中，有 64% 都添加了精制糖。顺便说一句，清单里出现的富含碳水化合物的食物还有一个特点——全是加工食品，没有一个能在自然界中直接找到。我之前也提到过，**如果人们的饮食结构中大部分是肉、鱼、蛋、水果和蔬菜之类史前祖先们就能吃到的食物，同时也能注意尽量避免加工类食品（大部分都富含碳水化合物），那么其实不太可能会发胖**。

如果可以选择的话，人们往往会选择自己喜欢吃的食物，而且越喜欢就吃得越多。你可能会觉得“这不是废话么”？但其实大部分的肥胖症都可以用这个简单的事实来解释。有些人认为没有证据支持，所以很难接受这样的解释，对此我想回顾萧伯纳在《黑人女孩寻找上帝的冒险之旅》（*The Adventures of the Black Girl in Her Search for God*）中讲的一个故事。四处游荡的黑人女孩遇到了一位科学家，很显然是正在用狗做实验的巴甫洛夫。女孩问，你在做什么？巴甫洛夫回答说，他发现每当自己把肉放到狗的面前，狗就会流口水。“可是每个人都知道这个（现象）啊。”黑人女孩说。“也许吧，”科学家回答道，“但是在我的实验之前，这个（众所周知的）现象并没有被科学证实。”

那么，怎样用科学的方法证明“诱人食物的可得性导致肥胖”呢？过去几年的时间里，研究人员发现，（在实验中）喂出肥胖大鼠最简单的方法，不是一直喂它们吃富含营养的常规鼠粮，而是让它们同时也吃一些蛋糕、饼干、巧克力之类的食物。大鼠们吃这些食物的时候，会表现得非常狂热，事实也证明这对增肥非常有效。现在我们可以说，极其诱人的食物能够促进暴饮暴食，进而引发肥胖，这是有实验证明的。

低碳水饮食是一种有效的减重手段。仔细想一下，这个事实本身就说明“肥胖的原因是无法拒绝那些诱人的高碳水食物”。所谓低碳水饮食，就是严格限制那些看起来无比诱人的食物，同时鼓励尽可能多地摄入肉类、鱼类以及蔬菜。还应该记住的一点是，低碳水食物指的是刚好含有人体所需的营养物质，而且营养密度很高的食物。

有些人每天也会吃下大量的糖，但他们却一点儿也不胖，这是为什么呢？我来试着解释一下。第一，（这类人）从糖中获得的热量供应，等同于饮食中减掉的其他食物的热量，这样一来，就不存在热量过剩的情况。但这种饮食方式面临着营养不良的风险，我会在以下章节进行解释。第二，他们可能是（体能）异常活跃的人群，所以摄入的热量都被身体消耗掉了。第三个原因还较有争议，目前已经有证据表明，一些幸运儿的身体能够燃烧掉多余的热量。如果他们较高的代谢能力恰好消耗掉额外摄入的热量，当然也不会长胖。虽然在生理学和营养学的教科书中，这一观点还没有得到普遍接受，但我个人觉得，（已有的）证据是相当有说服力的。当然，即使是这样“天赋异禀”的人群，他们的身体燃烧多余热量的能力也依然是有限的，所以如果吃掉的热量超出了身体能够消耗的极限，最终的结果还是一样——长胖。

如果你刚好就是这样的幸运儿之一，可以消耗掉多余的热量，可能确实不那么容易发胖，但高糖饮食给身体带来的其他不良影响，却依然无法避免。龋齿、消化不良、糖尿病、冠状动脉血栓疾病以及其他很多我会继续讨论的身体症状，可不是“吃糖不怕胖”的人就能幸免的。

新陈代谢的能力是不是会随着食物摄入量的增加而提高？关于这个问题，大家的观点是否达成一致其实没有那么重要。我们只能说，如果热量摄入持续超出身体能够消耗的极限，那是一定会长胖的。在摄入方面，含糖食品和饮料都是能够提供额外热量的“好帮手”。

看到这里，可能你还是不愿意接受“糖可能是导致肥胖的重要因素”这个观点。在美国，（制糖业）多年来一直进行着密集的广告宣传和公共活动，目的就是让公众相信，糖和肥胖之间一点儿关系都没有。他们会告诉你，一勺糖的热量只有 18 千卡。广告是这么说的：“你需要的，糖里都有。一勺只有 18 千卡，满满的全是能量。”说得倒是很对，前提是需要用一只很小的勺，是一平勺而不是更常见的一满勺。在我们的实验中，大多数人的一勺糖可不是 18 千卡，而是 30 千卡的热量。

这还没完。制糖业的人还会告诉你说，糖不仅不会让你发胖，反过来能帮你瘦身。他们的论点是这样的：当血液中的葡萄糖含量降低时，人就会觉得饿。这时候如果你吃点儿糖，经过快速消化和吸收，血液中的葡萄糖含量马上就能升高，然后你就不会觉得饿了。所以如果你时不时就吃点儿糖，正餐也会吃得越来越少，慢慢地就瘦下来了。

坏消息是，制糖业的论点存在三处缺陷。第一个是，他们认为饮食活动是由血糖控制的。这个说法基本上已经被学术界抛弃了。已经有很多证据表明它的谬误，而且它也肯定不是饥饿成因的完整解释。其二，没有任何理由相信，仅仅是因为吸收速度快，糖就比其他任何食物更能影响我们的食欲。第三，绝对没有任何证据显示，糖能缓解饥饿，帮你降低从饮食中获取的热量总数。

我认为，从规模庞大、实力雄厚的制糖业角度来看，维护产业利益是一个很自然的选择。毕竟在富裕国家，糖已经是人们饮食中不可或缺的组成部分了，如果以热量来计，糖的供能比例已经超过了肉类、面包，甚至任何单一食品种类。尽管如此，看到有些科学家在制糖业的游说下，选择支持上文描述的（糖能够抑制食欲的）观点，还是很令人遗憾的。是因为他们和其他人一样喜欢糖吗？还是说，至少其中还有一些科学家依旧不能认同“不同类型的碳水化合物在体内作用的方式也各不相同”这样的观点呢？还是说，他们已经说服自己接受“现代饮食中破坏健康的罪魁祸首是过量的脂肪”，以至于难以承认自己的错误？

面对这么高的肥胖症发病率，提出“食用糖摄入量不应该减少”或是“应该减少总的食物摄入量，而糖只是其中一种食物而已”这样的建议，实在毫无道理可言。毕竟，糖是唯一只有热量而不包含任何营养物质的食物。还记得吗，糖是一种 100% 纯净的产品，这话可是食用糖精炼厂商自己说的。除了热量，糖什么也没有。而热量，正是减重时最重要的东西。

除了糖，在日常饮食中去除任何一种食物——任何一种——在热量降低的同时，都必然伴随着营养物质的减少。没有任何证据表明，超重的人摄入了过量的营养，但是有相当多的证据都指出，有些超重的人需要提高饮食的营养均衡性。关于热量和营养的问题，我会在下一章节详细说明。

事实胜于雄辩，很多人仅仅是在戒糖或限糖之后，就成功减肥了。如果你在喝茶或者咖啡的时候，把糖从原来的两勺减为一勺，持续一年以后，你的体重就可能会减少 4.5 千克。你唯一需要做的，就是控制住给茶和咖啡加糖的手，仅此而已。

有时候，减肥的人还应该限制摄入淀粉类食物，于是会采用一种严格的低碳水饮食法。放弃甜食、淀粉类食物还有甜饮料，无疑需要一些自律的精神，饮食习惯的改变也是如此。不过，说到控制体重的话，低碳水饮食法确实是最明智、最有效的选择，个中原因我在自己的上一本书《瘦身之道》（*The Slimming Business*）中已经做过详细说明。低碳水饮食跟传统饮食相比，可以吃同样多种类的食物，但远不需要吃原来那么多，就可以提供相同的营养。这可不是拍脑袋想出来的结论，我和同事们已经通过实验验证了这个优势。

“你需要的营养物质它给不了，它提供的热量你又不需要”——低碳水饮食法不过是让你少吃一些这样的食物而已，为什么美国医疗和营养机构的这么多医生都不赞同（这种减肥方法），我实在无法理解。

虽然我说过不打算详细介绍肥胖问题，但是关于婴幼儿，有一点我必须补充一下。前文提到过，在孩子断奶以后，越来越常见的一个喂养习惯是在配方奶、谷物粉和其他辅食中加糖，而且会给孩子喝含糖饮料。结果就是，胖宝宝越来越多，以至于英国和美国的儿科专家开始经常呼吁，希望家长能重视这个问题。

几年前有人曾经指出，过量饮食不仅会让婴幼儿越长越胖，甚至会提高他们成年之后变胖，而且一直胖下去的风险。原因在于，过量饮食会刺激婴幼儿脂肪组织中脂肪细胞的分裂。这样一来，不仅原有的细胞都吸饱了脂肪，身体还会生成更多（新的）细胞，存储更多的脂肪。这个观点主要是基于一个科学发现：胖宝宝脂肪组织中的细胞数量比瘦宝宝的多一些。一直到成年之后这些细胞都还在，也就是说，小时候胖的人在成年之后脂肪组织也依然（比不胖的人）更多，身体储存脂肪的“潜力”也更大。

最后得出的结论是，和脂肪组织数量正常的人相比，这类人控制体重的难度也更大。

最近有人开始质疑这个观点，说是否得出这样的观测结果，其实取决于计算脂肪组织细胞数量的准确性。批评者认为，瘦宝宝体内有些细胞是空的，所以在观测的时候很容易被遗漏；而胖宝宝体内的脂肪细胞都是满的，所以可见性更高，也更容易被观测到。因此，批评者们觉得“胖宝宝体内的脂肪细胞比瘦宝宝的多”这个结论是错误的。

不论脂肪细胞数量的真相到底如何，可以肯定的是，不管是婴幼儿、儿童还是成年人，只要摄入的热量大于消耗量，肯定是会变胖的。留心观察一下你就会发现，现在的小孩子过度摄取热量简直是分分钟都可以发生的事。有些婴幼儿食品制造商已经不在产品中加糖了，即便如此，妈妈们还是会继续给辅食加糖。而当她们认为宝宝渴了，也还是会把含糖饮料倒进水瓶递给孩子。

第十一章 你正在完美避开真正的食物，摄入更多热量！

经常有人批评说，精制糖提供的是“空热量”。这点倒是千真万确。批评者们往往会接着说，食用糖的加工过程，去除了原糖中大量的营养物质。如果看过第四章，你就会知道，这是不对的。

上一章已经讨论过，如果在正常饮食之外又吃了许多糖，会发生什么。接下来让我们看看，如果用糖来代替饮食中的一部分食物，又会发生什么。如果我们每天光是吃糖就摄入 500 千卡甚至更多的热量，那么其他食物的摄入量确实有可能会少一些，毕竟，胃口再大也总有吃饱的时候。

举个最简单的例子，假设我们每天吃进身体的热量总共有 2500 千卡，其中大部分都是富含营养的食物，像肉、奶酪、奶、鱼、水果和蔬菜，以及一些土豆、面包还有早餐谷物之类。在保持总热量不变的情况下，我们把其中500或者550千卡的食材替换为糖——相当于人均食用糖摄入量。在前文中我已经提到过，这是一个轻轻松松就能达到的数值，只需要在每天的茶或者咖啡里加入“适量”白糖，然后时不时来一杯甜饮料就行。很显然，这样的替换意味着每天热量总摄入的20%都是糖，而我们的营养素摄入，比如蛋白质、各种维生素、矿物质，等等，也都会相应减少20%。如果日常饮食所提供的营养成分比身体需要的还多出20%，那么替换之后就不会出现营养不足的情况。但如果没有多出的那部分呢？更重要的是，假如你的糖摄入量高出平均值呢，比如糖的供能比例达到了30%甚至40%之多。如你所见，这下问题就棘手了，其中30%到40%的营养成分都被没有营养的糖取代了。

并不是说每天吃100多克糖，你就会很快患上糙皮病、脚气或是坏血病。在极端情况下，如果吃糖很多而且饮食结构不合理，有时候确实会引发这些疾病。稍后我会提到，在贫困国家，糖是如何导致严重蛋白质缺乏的。但更有可能的情况是，你的饮食结构在营养方面只是略有不足而已，这样一来，你其实处于身体健康和营养缺乏之间的一个“暮色区域”：时不时会身体不舒服，很容易疲倦，容易出现酸痛，有时会发生奇怪的感染。所有这些模模糊糊但真实存在的症状，正是我们每个人身上时不时都会出现的。虽然说略微低于标准值并不能证明你的饮食缺乏营养，但对于那些因为摄入大量糖分而饮食不均衡的人群，在寻找病因时，确实需要尽可能地把这一点考虑在内。

有没有什么办法可以直观地表明，糖可以把更优质的食品排除在饮食结构之外这件事是真的，而不仅仅是假设呢？我认为有一种方法，就是去查看不同食品的消费变化趋势，尤其是那些公认的高营养食品，比如肉类、奶、鱼、蛋之类。我决定去研究一下肉类的消费趋势，这主要出于以下两个原因。其一，肉类的营养价值很高；其二，对大部分人来说，肉类是非常可口的食物。我的假设是，（同样美味的）含糖食品消费量的增加，可能会伴随着肉类消费量的减少。

我必须先解释一下，为什么在查看相关统计数据的时候，我们必须谨记两点非常重要的前提。第一，美国的食用糖消费总量在三四十年前就停止了增长；在英国，过去十二至十五年间家庭食用糖消费量是下降的。但与此同时，含糖食品的消费量则呈现出增长的趋势。虽然并不完全准确，但大致来说，人们通过家庭自制饮品摄入的糖比例正在下降，但是从冰激凌、饼干和蛋糕之类的加工食品摄入的糖分越来越多。顺便说一句，这些加工食品也让人们摄入许多额外的热量，却并没有提供更多的营养。可想而知，尽管食用糖本身的绝对消费量并没有增加，但糖挤占了饮食中其他食品（所占比例）的影响，其实是越来越大了。

需要谨记的第二点是，我刚才提到的食物（鱼、肉、蛋、奶）都是营养学家最为推崇和喜爱的，它们的价格通常也比较贵，所以相对而言，富人（对这些食物）的消费量要比穷人多。在西方国家，随着经济的整体发展，这种贫富差距正在缩小，贫困人口的经济状况比之前有了改善，因此营养学家和经济学家一直以来的预测是，随着社会总体富裕程度的提高，鱼、肉、蛋、奶和水果的消费量也会相应增加。

那么，我之前关于“糖和含糖食品会把更优质的食品排挤出饮食结构之外”的假设，又怎么说呢？我们已经能证明的是，在美国，随着人们整体生活水平的逐渐提高，最贫困人口的水果消费量在增加，但与此同时，最富裕人口的水果消费量却出现显著下降。在英国，最富裕人口对于鱼、肉、蛋、奶的消费量全部出现显著的下降，其中肉、蛋、奶的消费量下降了 30%，鱼的消费量则减少了 50% 以上。

至于肉类，任何一个经历过“二战”的英国人都知道，在“二战”之前穷人是很少吃肉的（具体可以参见约翰·博伊德·奥尔的研究）。然而，尽管贫困人口的肉类消费量出现了显著增长，但是自“二战”以来，英国的肉类消费总量却几乎没有变化。唯一的原因就是，富人的肉类消费量在下降。

最新的证据来自美国，正如你可能知道的那样，近几年美国存在的营养缺乏病已经在学界引起热烈讨论。营养缺乏的程度到底有多严重，目前并没有定论。但可以确定的是，一定比大多数人想象的要严重得多。

美国人饮食营养质量的下降不太可能归咎于经济状况的恶化。更有可能的解释是，人们饮食结构中一些营养价值较高的食品被营养价值较低的、含糖的食品替代了。美国农业部的琼·考特利斯博士也是这么认为的，她说："调查显示，（更差的饮食结构）和人们的选择有关——软饮料消费量增加而牛奶消费量下降，零食消费量增加而果蔬的消费量下降。"要知道，"零食"里可包含着大量的糖。

第十二章 你能证明吗？

如果读完这本书之后，你也认可“糖是一种纯净、洁白，但也能要你命的东西”，当你试着说服别人（接受这个观点）时，肯定会出现很多争论。除了我在书中列出的事实，我们最好能够以更广阔的视角来看待一些问题，比如说，关于某些疾病的致病原因，学会如何衡量相关证据，进行逻辑分析，然后形成自己的判断。有了这样的方法和思考，即使发生争论，也可以避免出现手足无措甚至抓瞎的状况。

在下文中你也会看到，本书中相当一部分结论，都是根据事实证据和个人判断综合而成的，这一点无法避免。如果你一直在查阅和跟进关于心脏病的研究报告，知道关于心脏病有多少“已经完成”和“正在进行”的研究，那么当听到我说“必须结合客观事实和主观判断”的时候，就不会那么惊讶。对任何疾病的致病因素都要求出示绝对的证据，有时候是不可能的。

比方说，如果想获取“吸烟导致肺癌”的绝对证据，可能就需要找 1000 个十五岁的年轻人，尽可能仔细地把他们分成两组，每组 500 人，而且两组受试者的个体选择需要做到非常相似。接着，要求一组受试者开始吸烟，另一组受试者不吸烟。这样持续大约三四十年之后，就可以开始研究吸烟组是不是有更多的受试者患上了肺癌。

很显然，不论是在道德层面还是实践操作上，这种实验都无法执行，所以我们就必须去查阅已有的间接证据，并且在符合理性与一般生物学原则的背景下进行合理判断——至少我们希望是合理的。在本书中我也正是这么做的。我试着分析了现有证据的局限性，同时，在解读这些（研究和）证据时，我会尝试以一种置身事外的态度客观看待，主要根据是否合理，是否符合生命过程及生物有机体的一般可辨认规律等再做判断。

鉴于接下来讨论的很多内容都和糖是许多疾病的“病因”有关，这里的“病因”我想再多解释一点。首先可以肯定的一点是，糖和我接下来讨论的疾病之间，并不是像“冰受热融化”那样直截了当的关系。人们的疾病易感性各不相同，假设疾病真的可以被“引发”，即使是在相同的情况下，有的人会心脏病发作，有的人却不会。而这种易感性在很大程度上是可以遗传的。可以这么说，假如你的父母、祖父母、叔叔还有阿姨们都健健康康地活到了很大岁数，那么你患冠状动脉性心脏病的概率就比较低；相反，假如你的家庭成员里有很多人都患有冠状动脉性心脏病，那么你的患病概率也会较高。

除了遗传因素，环境因素也会影响冠状动脉性心脏病的发病率。大多数人都认可的一点是，冠状动脉性心脏病与若干个环境因素有关，其中就包括久坐不动、吸烟，等等。而我希望证明的是，大量吃糖也是引致心脏病的一个原因。我可不打算证明说“糖是引发这种疾病（或者任何疾病）的唯一因素”。

我还要再补充一点。如果事件甲引发事件乙，并且如果没有事件甲，事件乙也不会发生，这种情况下我们可以将事件乙的发生归因于事件甲。但是假如我把一根点燃的火柴扔进废纸筐里，结果书房和整座房子都被烧毁了，那么，这场灾难的原因，是那根点燃的火柴呢，还是废纸筐里散乱的纸张呢？或者，是因为房子里有很多书籍和木质结构？如果这些因素里有任何一个不成立，也许房子就不会被烧掉。再或者，我的台灯电源线可能会短路，这种情况下，房子被烧毁可能就跟点燃的火柴一点儿关系都没有了。

同样，吃了含糖的食品，我的牙齿上有了洞。我们假定含糖食品是导致龋齿的原因。但是，如果我的基因对龋齿有很高的抵抗力，或者我在吃完甜食以后立刻就去刷牙，再或者我知道是什么样的细菌在遇到糖之后会活跃起来，进而导致龋齿，我也知道怎么让自己的口腔摆脱这些细菌……那么在这种情况下，即使吃很多甜食也有可能不会龋齿。所以糖是龋齿的原因吗？还是说，细菌才是那个原因？再或者，牙齿缺乏抵抗力才是真正的原因？

所以，在接下来的内容中，**我想说明的并不是“吃很多糖是我提到的各种疾病的唯一原因”。我真正希望的，是能说服你接受这样的观点——不论你的遗传条件如何，也不论你维持好习惯的决心有多么坚定，只需要少吃些糖，患上相关疾病的概率就会大大降低。仅此而已。**

那么，关于特定原因导致特定疾病的各种证据，又该怎么理解呢？大体而言，有以下两种主要证据：流行病学证据和实验证据。所谓流行病学证据，我指的是疑似致病因素的强度与疾病之间存在相关性。这类证据可以回答下面这些问题：

心脏病在吃糖很多的人群中会更常见吗？

如果（一个群体中）患某种疾病的人数有所增加，这个群体的糖摄入量也相应增加了吗？

在任一群体中，已经患有某种疾病的人比没患这种病的人吃了更多的糖吗？

实验证据一般回答下面这类问题：

在实验室给动物喂糖吃，是不是可以诱发心脏病？

在日常饮食中去掉糖之后，是不是可以降低人或者动物患心脏病的概率？

你可能还会问一些不那么直接的问题，比如说：除了引发疾病，吃糖是不是会导致身体产生一些与疾病相关的变化？

在环境复杂多变的现代社会，我觉得有一两条生物学原理相关的普遍规律，需要牢牢记在心里。第一条规律是，如果（环境）变化没有那么快，或者没有那么剧烈，生物体一般是可以自行适应这种环境变化的。然而，如果变化速度过快或是过于剧烈，可能就超过了生物体能够维持生存的极限。在一个生物种群中，即使大部分个体因为不堪重压而死亡，依然可能会有一些抵抗力更强的幸存者。假如这种（环境）变化稳定持续下去，幸存者也有可能演化为一个全新的物种，而新物种的每一个个体都将具备对新环境更强的耐受力。有可能需要经历一千到一万代的时间，才能让一个生物种群发生显著的变化。以人类为例，这个时间可能是三万到三十万年之久。

第二条规律没有那么明显，但我认为它是与第一条规律一脉相承的逻辑推论。什么意思呢？就是如果人类的生存环境真的在不到三万年的时间内发生剧烈变化，那么很有可能会有迹象能够表明，人类还没有完全适应这种

“新”的环境，而这种迹象的表现形式，可能就是一种，或者几种疾病。

我知道有人不愿意接受这样的想法，但我深信，你是找不出这条规律的例外情况。不妨想想吸烟的例子吧，1920 年到 1980 年间，英国的人均吸烟量从每年 1100 支增长到了 2500 多支。再想一想人们迅速减少的（身体）活动量——机械设备的使用，以及汽车、电视和收音机的普及，在过去三四十年的时间里，让人们逐渐养成久坐不动的生活习惯。如今，说起“吸烟是导致肺癌的潜在因素”以及“吸烟和久坐不动都是心脏病的重要致因”，应该没几个人会反对了。

继续下去的话，我还可以指出一个无可争辩的事实，那就是，任何一种新药在发挥预期治疗作用的同时，迟早也会产生意想不到的副作用。当然我还是得赶紧补充一句，假如治疗效果非常显著而副作用微乎其微的话，（即使有一些副作用）其实也无关紧要。

如此说来，假如有理由担心是饮食原因导致了某种广泛发生的疾病，那么应该去寻找最近才被引入人类饮食结构的食材，或者是摄入量在最近出现大幅增长的（饮食）成分。这里的“最近”是演化意义上的一段时间，比方说，一万年。相反，假如某个饮食元素长期以来一直是人类饮食结构的重要组成部分——比方说一百万年甚至更长的时间里，那它就不太可能是（致病的）原因。如果在我们的饮食中出现了一种新的成分，或者是一种成分比之前吃得多得多的情况，我们还应该探究一下这样的变化是怎么回事。

在查阅“糖摄入导致人类产生疾病”的所有证据时，我们应该时刻牢记上面提到的两点。这两条规律实在是太重要了，所以有必要更仔细地研究一番，以了解它们的适用范围和局限性。而这正是我接下来打算做的——不会特别详细，但应该足以让你理解，为什么我在书中所描述的大部分内容大体上是相当令人信服的。

首先是“流行病学”。这里需要回答的问题似乎非常简单，比方说，不同人群中存在多少种疾病，这些疾病和吃糖又有什么关系，等等。但其实这些问题都没有现成的答案。以疾病的流行为例，首先，在任意给定时间段内，有多少人患有某种特定疾病——世界上任何一个地方都没有这样的记录。

你可能会认为，获取致命疾病的数据应该会更容易一些吧，因为我们可以去看死亡记录。但是，对于冠状动脉血栓或是特定类型癌症的诊断依据，医生们依然无法形成统一的意见。这样一来，即使是类似的病例，不同医生诊断出的死亡原因也可能有所不同。不同国家的医生也会采用不同的标准，而欠发达国家的统计数据往往都不那么可靠。

流行病学研究还要求掌握食物消费与摄入量的相关信息。以本书主要讨论的问题为例，需要了解的就是与食用糖的消费量和摄入量相关的信息。巧的是，就目前而言，相比其他食物，我们更容易获得一个国家食用糖消费量的数据。在世界上几乎所有的国家和地区，所有的食用糖都是在工厂生产的。所以食用糖的生产、进口和出口数据都记录得很好。但即便如此，如果用来做流行病学研究，这样的数据可能还是不够完备，因为它没办法反映糖的消费量在人群中的分布情况，而这一点对流行病学研究至关重要。

还有一个问题是患上某种疾病所需要的时间。冠状动脉血栓和糖尿病这两种疾病，要很多年后才会显现出来。因此，在理想的情况下，（流行病学研究）需要的是人们在近二十、三十甚至四十年间吃了多少糖的数据。很显然，我们不可能获得这样的数据。所以只能寄希望于（一次）食用糖消费量的仔细调查，至少这能帮助大家了解当今消费者吃糖的状况，是很多，适量，还是很少，以及按照这种习惯吃糖有多长时间了。

这就是流行病学证据的局限性之一。即便如此，我们也不能忽略这样的证据。人们患动脉血栓等疾病的原因是什么？这样的问题太过重要，所以任何有关的线索都不能随意丢弃。我们应该做的，是牢记这类证据的局限性。尤其是当你听到某个问题“尚未有定论”，或者某项研究只是简单给出了疾病的可能致因，还需要其他方向的研究继续跟进的时候，不要太过惊讶就好。

在流行病学这个主题下，我还介绍了一些关于演化的发现。这方面最主要的局限，其实是某些记录的不准确性。尽管大多数人类学权威人士都认为，人类吃肉的历史已经有数百万年之久，但是具体吃了什么，吃了多少，并没有确切的记载。在古人类遗址附近发现的大量动物骨头，只能证明他们吃了一些肉。恐怕也有人会说，肉类在远古人类的饮食结构中其实只占很小的比例，他们吃的主要还是植物类的食物，只不过这些食物很难像动物骨头那样，可以作为证据保留下来罢了。我就不在这里详细论述这个话题了，唯一需要指出的是，我本人同意大部分人类学专家的观点——原始人主要是食肉为生的。

总而言之，流行病学证据很少能提供饮食与疾病关系的确凿证据。但是，在这本书里我主要论述的话题中，流行病学证据倒是能提供非常重要的信息。我也希望书中的整体证据足以说服你“排除合理怀疑”。

到目前为止，我一直谈论的都是基于人群研究的流行病学证据。但是，关于疾病和可能导致这种疾病的原因，我们也能找到基于个体研究的流行病学证据。毕竟，人群是由个体构成的。基于个体的研究，可以在（个体）患病之前开始，也可以在患病之后开始。打个比方，我们可以去研究已经患肺癌的人是不是有吸烟的习惯，这就是所谓的“回顾性研究”（retrospective study）；或者，我们也可以同时追踪一些吸烟和不吸烟的人，一段时间后看两组人中分别有多少罹患了肺癌，这就是所谓的“前瞻性研究”(prospective study)。不论采用哪种研究方法，我们都需要尽量确保两组人之间除了“是否吸烟”这个差异之外，其他方面的相似性越高越好。你可能也注意到了，这样的研究在个体层面比在人群层面更容易展开。比如，假如是在同一个镇子里，我们发现刚刚有过心脏病发作的男性比同年龄、同阶层但没有心脏病的男性吃更多的糖，这时就可以说，有证据表明糖是心脏病发作的可能原因。

接下来我想谈谈实验证据，是什么导致了疾病，相关证据如何收集，以及应该怎样合理地解释这些证据。

了解人类疾病的最佳方法之一，就是在大鼠、豚鼠或其他实验动物身上重现这种疾病。虽然还远达不到能够完全洞悉疾病本质和致病机理的程度，但是通过这样的方法，医学界已经对一些激素类疾病——比如甲状腺激素、脑垂体激素或是甲状旁腺激素分泌过多或不足——有了非常深入的了解。同样，大部分现代营养学知识，比如关于热量、蛋白质、维生素和矿物质之类的，也都是通过研究实验动物获得的。

另一方面，如果无法在实验动物身上诱发某种疾病，那我们的医学研究进展就会出现严重滞后。治疗恶性贫血就是个很好的例子。医学界在解决这个问题上用了相当长的一段时间，这是因为，所有的治疗方案都得先在恶性贫血患者身上进行试验。经过多年的艰苦研究，人们发现食用生的（或是稍微煮熟的）肝脏是一种有效方法。接下来，不论从肝脏中提取了哪种新物质，都得先在未接受过治疗的恶性贫血患者身上进行试验。

就这样，人们用了二十三年才终于发现，肝脏中起到治疗作用的活性成分是维生素 B12。如果研究人员可以在大鼠、兔子或是其他实验动物身上进行试验，发现（有效成分）的周期肯定会大大缩减，这一点毫无疑问。

人类的冠状动脉性心脏病，至今都没能在一般实验动物身上重现。也有人说目前已经可以诱发灵长类动物患上冠状动脉性心脏病了，但还不确定这种致病过程是否可以按照研究的需求，有规律地重复。不管怎么说，解决冠状动脉性心脏病的问题需要一个配备了数百只猴子、可以按研究需要开展各种实验的动物实验室，这无论如何都是一个极其困难的过程，而且需要不菲的经费支持。

更简单易行的方法，是在动物身上诱发尽可能多的、与人类疾病相似的症状。其中一个大家都听过的表现就是胆固醇水平升高。人们普遍认为，血液胆固醇的水平越高，患心脏病的概率也越高。因此，如果在动物喂养实验中发现，某种饮食结构或是某种喂养条件会提升动物的血液胆固醇水平，那么也可以合理假设，这样的饮食或条件与人类患冠状动脉性心脏病有关。大家都知道，这样的实验其实已经做了成千上万个了。但是除了更高的胆固醇水平，患有冠状动脉性心脏病的人通常还会有其他的异常表现，所以通过实验诱发动物身上产生类似的异常，也能帮我们更好地认识冠状动脉性心脏病的诱发原因是什么。

冠状动脉性心脏病的另一个重要表现是“动脉粥样硬化”，我会在下一章具体介绍。并不是所有动物都能很轻易地表现出这种症状。在实验室里让兔子表现出类似的症状相对容易，但是大鼠就要难得多了。而且，即便在实验室里成功地让动物的动脉中发生脂质变化，依然存在的一个问题就是，这样的变化和人类的动脉粥样硬化一样吗？曾经有很长一段时间，学界一直对此保持怀疑。即便现在也还是有人怀疑。时不时地就会有些热情高涨的研究人员声称，自己“创造”出了实验性动脉粥样硬化，但实际上，他们诱发的是完全不同的特征。

我们希望看到的是，在实验室里，用相同的方法，在同一种动物身上，同时诱发冠状动脉的许多不同症状。假如无法诱发形成冠状动脉血栓，如果能在某一类动物的不同品种间重复同样的实验，以避免被碰巧使用的特定实验动物表现出的异常症状所误导，那也很好。

同时，我们还需要考虑动物的天然习性。举个例子，假如我们正在研究饮食的影响，那么用动物通常不吃的食物，或者人类一般不吃的食物来做实验，在我看来就不那么合理了。像兔子这样的食草动物，正常的饮食结构中就没什么脂肪，几乎没有胆固醇。如果在实验中用高脂肪和高胆固醇的饮食成功诱发兔子产生异常，在我看来其实不足为奇。我不认为用兔子做的实验可以用来论证"同样的饮食会对肉食动物或杂食动物（比如人类）产生类似的影响"，原因在于，肉食动物和杂食动物毕竟已经吃了几十万年的肉了。

除了动物实验，我们也可以在人类身上进行试验，当然前提必须得确保不会对健康产生任何有害的影响。而且很显然，我们的目标不是要在人体中诱发形成冠状动脉血栓，而是暂时让人体产生一些我们已知的、与冠状动脉性心脏病有关的体征变化。最常见的变化，当然是血液中胆固醇水平的升高了。

先来休息一下，我们聊一聊研究人员在进行这些实验的时候，都会测量哪些东西。当然，最重要的指导原则就是测量那些已知的、在实验条件下指标会发生很大变化的物质，比如胆固醇。然而，当前可用的测量方法通常会限制科学研究的进展。对于某种特定物质，可能出现的情况是，由于需要非常特殊的设备，或者需要用到非常复杂的技术，所以当前没有任何方法，或者没有常规的实验方法可以用来实现研究需要的测量工作。相反，一些可能与疾病没有太大关系的物质，倒是可能有简单易行的测量方法——但这对于研究就没什么帮助了。

我认为，这就是当前冠状动脉性心脏病研究面临的障碍。假如在得了冠状动脉性心脏病的情况下，（人体内）最重要的变化就是血液中脂类物质的含量会升高——虽然这个观点还远不能令我信服，但即便它是真的——仍然有很多研究者认为，与胆固醇水平相比，血液中其他脂类物质的含量水平其实能够提供更多的有用信息。这些脂类物质中就包括甘油三酯，以及一种能让胆固醇留在血液中的特殊化合物。目前普遍认为，与血液中的总胆固醇水平相比，这种能够与高密度脂蛋白结合的胆固醇，才是指征冠状动脉性心脏病更好的风险指标。事实上，也并不是所有人都认为，只需要测量血液总胆固醇水平就能获得大多数人关于疾病的信息。美国有一位著名的临床研究医生就曾写道，血液胆固醇水平确实是一种生化指标，但它的临床意义仍然有待继续探索！

最后一种实验证据是观察哪些方法能够治愈或是预防一种疾病，由此可以合理推测出致病原因。坏血病就是一个典型的例子。人们发现吃橘子或者柠檬就能治疗坏血病，这一发现最终也帮助人们确定了病因——缺乏维生素 C。

这里可能存在两个误区，一个显而易见，另一个则不太明显。尽管经常被人忽视，但显而易见的那个是：在某些情况下，一种疾病的症状可能会出现波动，比如风湿性疾病。患者时而会疼时而又不疼，所以在疼痛情况下进行的任何治疗，都有可能被患者看作是之后疼痛缓解的原因。

另一个误区更加微妙一些。我想，最好是通过一个例子来说明。许多患多种疾病的老年人，慢慢地会发展出一定程度的心力衰竭，这时会出现的症状之一就是由于水肿而引起的腿部肿痛。服用大量维生素 C 就可以缓解这种症状，因为维生素可以起到利尿的作用，能促进肾脏排出体液。尽管这种方式可以治疗心脏病的某一个症状，但我们不能说心脏病是由于缺乏维生素 C 引起的。

还有一个更明显可能也很荒谬的例子，服用阿司匹林可以治头痛，但显然这并不意味着头痛是因为体内缺乏阿司匹林。

我先介绍一些实验结果，这些实验主要研究的是改变饮食对冠状动脉性心脏病的预防效果。科学家们已经做了不少改变饮食结构中不饱和脂肪酸含量的实验和试验，主要手段是让受试者少吃黄油和肉类脂肪，或者有时也会通过“增加玉米油之类的植物油”的方式来实现调整比例的目标。

比如在洛杉矶退伍军人中心开展的一项试验，研究人员在这里选择了424名男子接受为期五年的饮食试验，让他们在少摄入饱和脂肪酸以及胆固醇的同时，增加饮食中的多不饱和脂肪酸。同时，还有另一组男子保持饮食结构不变（对照组）。对比结果显示，实验组中有63名受试者死于冠状动脉性心脏病，对照组有82名。不过，两组受试者的总死亡率是一样的。还有一个研究人员不那么喜欢的结果，和对照组相比，实验组中有更多受试者患上了胆结石。

后来还有一些试验，在维持饮食结构中多不饱和脂肪酸比例的前提下，改变其他食物类型以及脂肪的数量，然后研究这样的改变会带来什么影响。其中一项研究结果是发表于1982年的，来自美国的多危险因素干预试验。这次试验有超过12000名中年男性参与，他们都属于冠状动脉性心脏病高风险人群，其中一半受试者接受了以降低胆固醇水平、降低血压和戒烟为目标的指导。研究人员会经常邀请受试者参与访谈，以鼓励他们坚持遵循指导措施。七年之后，受试组的血液胆固醇水平仅仅下降了2%；受试组因为冠状动脉性心脏病导致的死亡率与对照组之间也并没有显著差异。不仅如此，受试组的总死亡率甚至还要高于对照组。这项研究的经费超过了一亿美元。

1984 年，关于“血脂研究的临床初级预防试验”的报告发表。但这项试验不是为了研究饮食的影响，而针对的是一种降胆固醇的药物——考来烯胺（cholestyramine）。和上文提到的多危险因素干预试验类似，这项研究的受试者依然是冠状动脉性心脏病高风险的男性，一共 2000 名左右。他们的血液胆固醇水平都属于人群中最高的那 5%。所有受试者都接受了低脂的饮食指导，其中一半同时服用考来烯胺。七年后，两组受试者的血液胆固醇都有所降低，服药组的降低幅度明显更大。此外，服药组受试者因冠状动脉性心脏病导致死亡的人数减少了将近四分之一，非致命性心脏病发作的次数也更少。但坏消息是，考来烯胺这种药物虽然疗效显著，但也会带来很明显的胃部不适症状，所以其实服药组有很多人都放弃了药物。很显然，用这种药物对人群进行大规模治疗，其实并不可行。此外，这项试验的成本极高。据计算，预防一次心脏病发作的成本大约是二十五万美元。

我们只能得出结论说，二十世纪六十年代以来的所有努力，都没能成功地证明“改变饮食结构中脂肪的比例，能够有效降低冠状动脉性心脏病发病率”这一观点。实际上，在美国，因冠状动脉性心脏病导致的死亡人数从二十世纪六十年代开始减少，不久之后在其他国家也呈现下降的趋势。美国人饮食中的脂肪比例出现了小幅下降，但这种变化其实是在冠状动脉性心脏病死亡率下降之后才出现的。在美国、英国以及其他一些国家，人们的生活方式也发生了一些改变。只不过不是所有改变都可以进行量化。这些改变包括减少吸烟，增加慢跑和其他有氧运动之类的体能训练，更多人开始有意识地控制高血压，以及，有更多心脏病患者接受了冠状动脉旁路手术。大部分国家的糖消费量也出现了小幅度但持续的下降。尽管如此，我们仍然不知道为什么冠状动脉性心脏病死亡率会降低。当然了，"降低"的结果大家还是喜闻乐见的。

或许，（这些研究和试验）最终有可能得出的结论是，如果人们的饮食结构中含有大量玉米油、葵花籽油这样的多不饱和脂肪酸，或是用这些油制成的人造黄油，就可以降低心脏病的发作概率。但不得不说，我个人认为这种情况不太可能发生。**在我看来，人类最好的饮食结构，就是尽可能向采集、狩猎时代的饮食靠拢**。我们现在之所以能买到富含多不饱和脂肪酸的油，完全得益于农业技术的发展和进步，尤其是近些年才逐渐完善的工业化提取和精炼技术。这样复杂的化学过程，以及用各种油来加工制成人造黄油的过程，得到的最终产品，和我们在数百万年的演化历史上可以获取的食物已经相去甚远了。

第十三章
冠状动脉性心脏病，一种现代流行病

生活在现代的人们，想必很难不注意到冠状动脉性心脏病导致的高死亡率。在美国和英国，冠状动脉性心脏病导致的死亡人数占人口死亡总量的五分之一还多。而在英美和其他富裕国家，年龄在四十五岁以上的男性中至少有三分之一会死于心脏病。也难怪，过去二十五年中，关于冠状动脉性心脏病问题的书籍、杂志、广播和电视节目层出不穷。但我发现，人们对于心脏病的本质依然存在很多误解。因此，在继续论述心脏病的致病原因之前，我认为最好先澄清一下定义和描述。

读者朋友们心里大概已经有一幅心脏病及其发病机理的简图了。如果有的话，我猜很可能是这样的：我们的血液中有一种名为胆固醇的脂类物质。随着年龄增长，尤其是当我们吃了太多肉类脂肪或是黄油，血液中的胆固醇含量就会提高。由于血液中胆固醇含量很高，有一部分胆固醇很容易就会沉积在动脉血管壁上，其中也包括冠状动脉。冠状动脉主要为构成心脏（心房与心室）壁的那层厚厚的肌肉供血，保持心脏跳动，将血液泵送到身体各处。随着胆固醇的不断沉积，冠状动脉变得越来越窄，供应给心脏的血液也越来越少，所以在运动的时候我们会感到胸部疼痛，准确来说是心绞痛（angina pectoris）。

胆固醇的沉积还会促使血栓形成，这样一来，冠状动脉或者分支血管迟早会被完全堵塞。结果就是，送往心脏的血液供应被切断，于是心脏病发作。如果心跳停止，我们会感觉疼痛、失去意识，如果不能尽快让心脏恢复跳动，最终的结局就是死亡。

对于冠状动脉性心脏病的发病机理，这样的描述未免太过简单，而且实在太有误导性了。请你耐心听我把这个故事再讲一遍，我会讲得更详细也更符合实际情况一些。特别是，我想说清楚哪些是医学研究已经了解的，哪些是还须进一步研究的。

心脏，和身体其他器官一样可能会受到多种疾病的影响。所以严格来说，用“心脏病”这个词一概而论，听上去就和“手臂病”或者“腿部病”一样蠢。人们一般所说的心脏病，其实是冠状动脉性心脏病、冠状动脉血栓、心肌梗死[1]或是缺血性心脏病等几种疾病的统称。但即使是这样的说法，也很容易引起误解，因为这些疾病的发病条件并不完全相同。如果试着从“疾病影响心脏的过程”这个角度出发，可能更好理解一些，因为到目前为止，科学界正是这样研究疾病的。我之所以这么说是因为，关于疾病的发展情况，还有很多尚待进一步探索的地方。

接下来用通俗点的话解释，大家就都能明白我在说什么了。关于冠状动脉性心脏病，我们最常听到的故事是这样的：有这么一个人，通常是男性，而且年龄一般超过六十岁，健康状况一直很好，直到某天，胸部一阵剧痛袭来……接着，他可能会失去知觉，也可能再也无法康复；或者还有一种情况是，他的疼痛逐渐减轻，于是被转移到床上躺着。如果第一次发作之后他缓了过来，很可能过段时间（或长或短）就又会发作。随着发病越来越频繁，他距离死亡也越来越近。故事的细节可能会各不相同。比方说有的人看上去一直很健康，某一天却骤然离世，甚至都没时间抱怨一句疼或者表现出什么症状。

坏消息是，关于某种或者某些疾病的发生过程，目前医学界还没有定论。因此无论我在这本书中写得多么详

---

[1] 心肌梗死（myocardial infarction）是严重而持续的缺血、缺氧引起的心肌局部坏死。大多是由冠状动脉粥样硬化合并血栓形成，或粥样硬化灶内出血所致。释义来源：《朗文医学大辞典》，（美）鲁思·柯尼希斯贝格主编、蒋琳主译，北京：人民卫生出版社，2000年，第843页。

尽，确实都只代表这个领域许多（或者大部分）专家的观点。换句话说，我所描述的内容，总会有些人持反对意见的，要么部分反对，要么全部反对。

我们就从动脉内壁上的“沉积”[1]开始说起吧。这种沉积有个专业的名字，叫作“动脉粥样硬化”[2]；表现出这种沉积的疾病就叫“动脉粥样硬化病”[3]。英语中，动脉粥样硬化对应的单词“atheroma”来源于希腊语，意思是“麦片粥”，指的是动脉内壁发现的不规则淡黄色“补丁”(patches)。这些补丁也有学名，叫作“斑块”[4]。没人知道这些斑块是怎么开始形成的。很多人认为，这个过程最开始源于血小板在动脉壁上（或者动脉壁里）的聚积。血小板体积微小，数量众多，与红细胞和白细胞一起漂浮在血液里。当它们以这种“聚积”的方式黏合在一起时，就会促发形成小小的血栓。渐渐地，血栓周围附着了大量的脂类物质，其中很大比例都是胆固醇。条件合适的时候，这些斑块就会纤维化，就像我们皮肤上的伤口愈合之

[1] 沉积（deposit）：某一种物质，如淀粉样蛋白或含铁血黄素在组织或器官内聚集。释义来源：《朗文医学大辞典》，（美）鲁思·柯尼希斯贝格主编、蒋琳主译，北京：人民卫生出版社，2000年，第377页。

[2] 动脉粥样硬化（atheroma）：动脉壁病变具退变特征，伴有类脂质沉积、平滑肌细胞增生和纤维化。释义来源：同上，第138页。

[3] 动脉粥样硬化病（atheromatosis）：动脉粥样硬化疾病，粥样化斑块，伴有纤维化和钙化。释义来源：同上，第138页。

[4] 斑块（plaque）：特指动脉粥样斑，动脉内膜表面所见的动脉粥样组织局限区。释义来源：同上，第1112页。

后形成的疤痕。在动脉粥样硬化和纤维状瘢痕的共同作用下，最终会发展成为动脉粥样硬化病。再往后，这些斑块还可以继续恶化，颜色变白，质地变硬。

动脉粥样硬化在全身各处动脉都有可能发生，但是在有些部位的动脉比在别处更容易些。可能从我们十几岁时，动脉粥样硬化的过程就开始了。还有些权威人士认为，这个过程开始的时间还要更早一些。随着病程的发展，可能会导致冠状动脉血管变窄，干扰体内血液流动，这也是为什么运动之后可能会出现胸痛（心绞痛）、腿部疼痛（周围血管疾病，也称为“血栓闭塞性脉管炎”[1]或者“伯格病”）的症状。

以周围血管疾病为例，随着动脉粥样硬化程度的加深，步行一段（或长或短的）距离就可能会出现腿疼的症状。如果不及时进行治疗，会导致四肢供血减少，最终脚趾或整只脚甚至整条腿（因缺血）会出现坏疽。治疗的方法包括服用扩张动脉的药物，还有就是接受外科手术，把动脉粥样硬化物质从血管壁剥离下来，改善血液循环。

---

[1] 血栓闭塞性脉管炎（thromboangiitis obliterans），又名伯格病（Buerger's disease），是原因不明的慢性进行性血管病变。动脉和静脉可同时受累，好发于下肢中小动脉。伴有腔内血栓形成，可引起腔内狭窄和闭塞。特点为患肢缺血麻木、发凉、疼痛和间歇性跛行。受累动脉搏动减弱或消失，严重者可发生溃疡和坏死。释义来源：《实用医学词典》，谢启文、于洪昭主编，第2版，北京：人民卫生出版社，2008年，第882页。

心脏中的冠状动脉也可能出现阻塞。堵得越多，患者就越容易出现心绞痛。不论有没有心绞痛的症状，冠状动脉都可能出现完全堵塞的情况。堵塞可能是血栓引起的，在已经出现粥样硬化斑块的动脉中尤其容易发生，部分是因为这样的动脉里血液流速较为缓慢，还有一个原因是原本光滑的动脉内壁，现在布满了粗糙不平的粥样物质。但是还有一种情况也会引发堵塞，就是狭窄的冠状动脉出现长时间的痉挛（或收缩），切断了血液供应，从而引起心脏病发作。

一次心脏病发作会出现什么结果，这取决于几个不同的因素。一是被阻塞的那条动脉（原本可以供应的血液）影响到心脏的范围有多大；二是堵塞后缺血的心脏部位是哪里，因为对于维持心跳而言，心脏中有些部位比其他部位重要得多；三是受到影响的部位是不是可以从其他的血管获得血液补给，当出现供血不足时，这样的备用血管可以迅速扩张，泵入足够的血液。

如果受影响的部位很小或者相对没那么重要，心跳停止的时间就很短，或者根本就不会停下。如果受影响的部位永久失去血液供应，这部分就会坏死，这也是所谓的“心肌梗死”。之后的几年里，心脏中坏死的部位会逐渐变为瘢痕组织。

猝死，似乎是完全不同的另一种情况。虽然可能还是跟冠状动脉严重粥样硬化有关，但在猝死的案例中，心脏似乎是先停止跳动，接着进入一种非常快速的颤动状态，也被称为“心室颤动”[1]。处于这种状态的心脏无法继续向身体自主规律地供血，的确能够很快导致死亡。

需要记住的一点是，我们的身体可能已经患上相当严重的动脉粥样硬化病，但可能不会表现出任何症状。现代医学可以通过心电图、血液中的肌红蛋白含量、冠脉造影来诊断心肌梗死。说了这么多，我希望你不会觉得这些和本书的主题无关。其实我从事现在这个领域研究的主要原因之一，就是看到人们对于患冠状动脉性心脏病过程的认识实在过于简单，对此，我感觉越来越不安。“只不过是血液中胆固醇的问题”——这样的认识简直已经根深蒂固了。很多人甚至开始相信，导致血液中胆固醇含量提高的任何物质，也都有可能导致冠状动脉性心脏病；而能够降低胆固醇的任何物质，就都可以预防甚至治疗冠状动脉性心脏病。不仅如此，他们还相信，如果一种物质不会影响血液中的胆固醇含量，那一定和心脏病的致病原因没有关系。

[1] 心室颤动（ventricular fibrillation, VF）又称心室纤颤，简称室颤，是最严重的一种心律失常，心室出现极快而微弱的收缩。释义来源：《朗文医学大辞典》，（美）鲁思·柯尼希斯贝格主编、蒋琳主译，北京：人民卫生出版社，2000 年，第 847 页。

我知道这么说有失偏颇，但是这样的情况在我看来相当幼稚，而且已经妨碍了公众去正确地理解冠状动脉性心脏病的形成，更别说是预防了。

实际上，冠状动脉疾病的患者饱受着多种症状的困扰，可不仅仅是血液胆固醇水平高而已。一方面，他们血液中其他脂质成分的含量也会上升，尤其是甘油三酯，或者有时也被称为“中性脂肪”；很多人认为甘油三酯的升高比胆固醇升高更常见一些。患者还会出现高密度脂蛋白[1]胆固醇水平下降的情况。另一方面，患者体内还会出现其他的生物化学变化，包括血液中葡萄糖代谢紊乱，就像糖尿病的症状一样。胰岛素和血液中其他激素的水平也时常会上升，有时候尿酸也会上升。几种酶的活性发生了变化，血小板的行为也会改变。

在严重动脉粥样硬化的患者身上，我们可以找出至少二十种指征，要么高到异常要么低到异常，胆固醇水平升高只是其中一种，虽然常见，却根本不算是普遍特征。

如果你想进一步了解糖或者其他因素在人类心脏病的形成过程中可能发挥了什么作用，首先请记住一点：心脏疾病的表现极其复杂。在我和同事们使用实验动物进行的

---

[1] 高密度脂蛋白（high density lipoprotein, HDL）又称 α 脂蛋白，主要由肝脏合成，可活化脂蛋白脂肪酶与卵磷脂胆固醇酰基转移酶，因而与血浆脂蛋白降解及胆固醇酯化有关。血浆中的高密度脂蛋白浓度与冠心病发病率呈负相关。释义来源：《实用医学词典》，谢启文、于洪昭主编，第 2 版，北京：人民卫生出版社，2008 年，第 255 页。

试验中，这一点尤其重要。我会在下一章展开更为详细的讨论。

“脂肪可能是冠状动脉血栓形成的一个原因”，这个观点的第一位支持者是明尼苏达大学的安塞尔·基斯博士，随后他也成为这个流派最坚实的拥护者。1953 年，他注意到一个事实：在世界上六个国家中，（人们）的脂肪摄入量与冠状动脉性心脏病死亡率之间存在高度的暗示性关系。在心脏病研究领域，这无疑是最重要的贡献之一。它引发了世界各地的研究人员铺天盖地的跟进报告，改变了数十万人的饮食习惯，也让推销低脂饮食的食品厂商们赚了个盆满钵满。

于是我们对不同饮食如何影响人体的新陈代谢，尤其是如何影响脂肪的代谢过程有了越来越深入的了解。然而，依然有一小部分研究人员认为，引发冠状动脉性心脏病的主要原因并不是饮食中的脂肪。我也正是这一小部分人中的一个。

为了展开讨论，我想先仔细梳理一下饮食和冠状动脉性心脏病关系的流行病学证据。对基斯博士提供的证据，其实一开始就有人表示过质疑。关于冠状动脉性心脏病死亡率和脂肪摄入量的数据，其实在很多其他国家都有。但除了基斯博士选择的这六个国家，其他国家的数据似乎并没有呈现出“脂肪摄入越多，冠状动脉性心脏病病例也越多”的完美线性关系。

此外，渐渐的也有证据表明，并不是所有的脂肪都是一样的——有的似乎是好脂肪，有的似乎是坏脂肪，还有一些是中性的脂肪。起初，基斯博士坚决否定这一点，但是到 1956 年，他也和其他研究人员一样，逐渐接受了脂肪也存在差异的观点。所谓“坏”脂肪主要是动物脂肪，比如肉类和奶制品中的脂肪（饱和脂肪酸）；“好”脂肪主要是植物油（多不饱和脂肪酸）；“中性”脂肪既不好也不坏，比如说橄榄油（大部分是单不饱和脂肪酸）。

是时候仔细研究一下迄今为止关于死亡率和脂肪摄入量的数据了。这件事其实我在 1957 年就已经做过了。当时，我把国际社会所有的可用数据都收集到一起进行了分析，然后发现，脂肪摄入量和冠状动脉性心脏病死亡率之间的关系，只能算“适中”，绝对称不上显著。即便是把动物脂肪摄入和植物脂肪摄入分开，也仍然没有表现出更密切的关系。许多国家的数据显示，糖摄入量和冠状动脉性心脏病死亡率之间的关系更密切一些。要说最密切，那应该是英国“冠状动脉性心脏病死亡人数上升”与“广播电视普及率上升”之间的关系了。

之所以指出最后这一点，是出于两个目的。首先，也是比较明显的一点，在两个事件之间找到关联，然后就说其中一个事件导致了另一个事件，这么做是很危险的。仅仅是家里多了一台电视，患冠状动脉性心脏病的概率就变得更高了，你也不太可能这么想吧？但是其次呢，假如仔细想想的话，这个建议也没有听上去那么蠢。

冠状动脉血栓形成的几个因素都和富裕程度有关，比如久坐、肥胖、吸烟、脂肪摄入量、糖摄入量之类。因此，从一方面来看，在富裕程度更高的国家，冠状动脉性心脏病的发病率也更高。一个国家的富裕程度，既可以通过吸烟量和脂肪摄入量这样的指标来衡量，也可以通过居民拥有电视、汽车和电话的数量来反映。从另一方面来看，衡量富裕程度的这些指标，有很多也可以是衡量久坐不动程度的指标。和没有电视的人相比，家里有电视的人在运动量上可能就会更少。所以我指出这些关系，也并不是毫无意义的。

我从国际流行病学研究获得的数据就说明，研究糖的摄入量至少和研究脂肪的摄入量一样有趣。当时还没有现成的研究能证明糖与冠状动脉性心脏病之间有关系。但是，就像脂肪的故事一样，我们现在已经有线索了。而且，我的文章在 1957 年发表之后不久，就有一位日本研究人员通过二十国研究，证实了糖的摄入量与冠状动脉性心脏病之间的关系。

除了这些一般的国际统计数据，还有一些针对特定国家或人群的研究。一位英国研究人员证明，英国冠状动脉性心脏病死亡率的上升与糖摄入量密切相关。还有一项研究表明，南非的黑人几乎没有冠状动脉性心脏病，而南非白人和印度人患冠状动脉性心脏病的人数，和美国、西欧还有大洋洲的白人一样多。不过，南非的情况似乎正在发生变化，黑人中也开始出现冠状动脉性心脏病的案例。这些事实都与糖摄入量的数据吻合：在南非，白人和印度人的糖摄入量一直很高，而黑人的糖摄入量一直很低，直到大约二十年前，随着富裕程度的提高，黑人的糖摄入量也开始迅速增长。

马赛和桑布鲁是位于东非的两个部落。这两个部落的人主要都以奶和肉类为食，所以动物脂肪的摄入量很高。然而，这两个部落几乎没有人罹患心脏疾病。你可能会说，这是因为部落民族在体能上都非常活跃。还有一种可能是，他们的新陈代谢和其他人不同。最近的研究也表明，马赛人还真的就是这种情况。他们的身体似乎在处理动物脂肪方面异常高效，而且不会导致血液胆固醇升高。目前尚不清楚的是，马赛人的这种特殊属性是遗传特征，还是因为他们一直以来都在大量地吃动物脂肪，所以身体变得擅长处理这种情况。

但是这样的讨论往往也忽略了一点：马赛人和桑布鲁人几乎从不吃糖。

我再介绍一个圣赫勒拿岛[1]的特别研究。在这个岛上，冠状动脉性心脏病很常见。但这并不是因为岛民在日常饮食中会吃很多脂肪，事实上他们吃得比英国人和美国人都要少；也不会是因为岛民的体能运动不够多——圣赫勒拿岛遍地都是丘陵，几乎没有机械交通工具；更不是因为他们吸烟很多，岛民的吸烟量远低于大部分西方国家的居民。圣赫勒拿岛上冠状动脉性心脏病高发病率的唯一合理解释就是：吃糖太多——岛民们人均每年要吃掉 45 千克的糖。

总而言之，在我上文提到的大部分富裕人群中，冠状动脉性心脏病的患病率都与糖的摄入量有关。但是，由于糖摄入量只是衡量富裕程度的一个指标，所以冠状动脉性心脏病还可能与脂肪摄入量、吸烟、汽车拥有量等存在类似的关系。在这一点上，把上面任何一个因素看作是冠状动脉性心脏病的可能原因，都同样合理。

你也可以换个角度，比如探讨一下上述任何两个因素之间的关系。假如去查阅不同国家（人口）的糖摄入量和脂肪摄入量，你会发现在任一国家，这两个数据都非常相似。整体而言，贫穷国家不论是糖还是脂肪吃得都少，中等富裕国家摄入量中等，富裕国家相对吃得最多。所以，

---

[1] 圣赫勒拿岛（St. Helena）是大西洋岛屿，主权属于英国。1815 年，拿破仑被流放到圣赫勒拿岛，并于 1821 年死于岛上。

和糖摄入量有关的研究课题很可能也都和脂肪摄入量有关，反之亦然。所以你可以说，“脂肪是引发冠状动脉性心脏病的原因，糖和这种疾病的关系只不过是因为糖和脂肪是相关的”而已。或者，你也可以反过来说，“糖是引发冠状动脉性心脏病的原因，脂肪和这种疾病的关系，只不过是因为脂肪和糖是相关的”而已。

说到这里，我认为下一步就是研究冠状动脉性心脏病患者和非冠状动脉性心脏病患者，在个体层面上糖的摄入量是怎么样的。只看平均值很可能受到误导。这是因为，说明“人均吃糖越多的国家，冠状动脉性心脏病发病率也越高”，这是一码事；而说明“不论在哪个国家，吃糖多的人比吃糖少的人患冠状动脉性心脏病的概率更大”，就是另外一码事了。

为此，我们设计出了一种自认为合理、准确的方法，去测算人们到底吃了多少糖。我们选择了 20 名患有冠状动脉血栓疾病的男性，25 名患有周围血管疾病的男性，以及 25 名用于对照的患者（患有其他疾病），然后分别测算了他们每个人平常会吃多少糖。我们花了大量的时间来设计测算方法和选择样本。比如说，冠状动脉血栓患者都是在首次发病后到医院就诊的，之前完全没有任何迹象表明他们有心脏病，他们也没有主动去改变自己的饮食结构。

这些患者入院后的三周内，我们通过访谈了解了他们患病前的日常饮食结构。后来的实验结果也显示，这种测算糖摄入量的方法，和营养学家们通常用来测算其他饮食成分的更复杂的方法一样好用。研究还发现，第一次访谈就了解患者在“看似健康”时候的日常饮食结构，实在是太明智了，因为一两年后，当我们再次访谈这些患者时就发现，他们这时候所说的“正常”吃糖量，实际上远远低于第一次访谈时报告的水平。

在研究中我们发现，冠状动脉性心脏病患者和周围血管疾病患者日常吃的糖，明显比对照组多。用吃糖数量的中位数做对比，冠状动脉性心脏病患者是每天 113 克，周围血管疾病患者是每天 128 克，而对照组患者是每天 58 克。

研究结果发表之后，关于结论和研究方法，都收到了相当多的批评。这些批评中，大部分都毫无道理可言。但如果从某一方面看，有一点却是公正的——我们测算糖摄入量的方法是访谈，也就是在医院里亲自询问患者的饮食状况。由于是面对面接触，我们明确知道哪些受试者是动脉疾病患者，哪些是对照组患者。在访谈中我们可能会无意识地受到这种认知的影响，因此也可能会夸大冠状动脉性心脏病患者的调查结果。为了纠正这个（可能的）偏见，我们简化了饮食调查表，改成患者自己就可以完成填写的表格，然后请病房的护工分发给患者。只有在根据表格完成测算之后，我们才会去询问这些问卷都是哪个组的患者填写的。

第二次研究的结果和第一次相似。冠状动脉性心脏病患者吃糖数量的中位数是每天147克；两个对照组——是的，这次我们选了两个对照组——分别是每天67克和74克。

从那之后，其他一些研究人员也去测算了冠状动脉性心脏病患者和非冠状动脉性心脏病患者的糖摄入量。其中有些研究结果也发现，冠状动脉性心脏病患者会吃更多的糖，这验证了我们的发现。也有一些研究得出了不同的结果。对于那些得出相反结果的研究，我认为是由几个原因造成的。第一，正如我们在实际中发现的那样，已经患冠状动脉性心脏病的人，很可能会有意识或无意识地少吃糖。你可以想象一下，听到自己得了“冠状动脉疾病”，这是多大的震撼，为了通过减肥来降低下一次发病的概率，人们又会变得多么小心谨慎。这种情况下，患者会做的第一件事就是少吃点糖。

第二，我们在选择对照组时也很谨慎，要确保对照组的受试者没有表现出可能会影响饮食的症状。对照组里有工厂里的健康工人，或者因为摔断了腿之类其他原因住院的病人，当然他们也都没有什么系统性疾病。第三，我们发现不同社会经济条件下的群体，和不同年龄段的群体之间，在吃多少糖这件事上也存在差异，所以在选择对照组受试者的时候，也会确保他们在社会经济和年龄这几个维度的特征和试验组是相互匹配的。

然而，我的批评者们也曾说，既然不是每个实验都能发现“冠状动脉性心脏病患者平常会吃很多糖”，那么我所谓的“糖假说”就是完全错误的。我的大部分批评者，比如基斯博士，都是“脂肪假说”的坚定支持者。很有趣的一点是，从来没有人真的能证明“冠状动脉性心脏病患者和非冠状动脉性心脏病患者的日常饮食中，脂肪含量存在差异”，但这丝毫没有妨碍基斯博士还有他的追随者。

我还想再阐述一下来自同一批反对者的另一个不同角度的批评。批评者们说，糖不可能是导致心脏病的原因，因为从二十世纪中期到七十年代，心脏病的患病率在美国出现大幅提高，但是糖的消费量在同一时段却没什么变化。

提出这样的批评，正说明他们误解，或者曲解了基于人口的合理的研究结论。首先，我一直在说的都是，我相信糖是导致心脏疾病的重要原因，但肯定不是唯一原因。至少，久坐和吸烟也都是心脏疾病的致病因素。不过这两个因素在二十世纪都发生了很大的变化。直到不久前，久坐和吸烟一直都呈现明显的增长趋势，但是近几年人们似乎越来越开始注意到要多运动了，而且肯定有很多人已经戒了烟。其次，不论是吃糖、吸烟还是缺乏体育活动，都需要很长的时间才能对身体产生影响，所以我们很难把一段时间内发生的变化，和这些变化对冠状动脉性心脏病患病率可能产生的影响联系在一起。

第三，吃太多糖对年轻人的危害很可能比对老年人更大。在前面的章节中我们已经了解到，软饮料、冰激凌、饼干还有蛋糕的消费量都出现大幅增长。这些食物的主要消费群体是年轻人。中年人越来越注重身材，其中很多人已经在减糖了。所以说，如果糖的平均摄入量保持不变，那么这数据背后可能掩盖的事实就可能是，年轻人吃了更多的糖，而老年人的糖摄入量在减少。

最后，也是最重要的一点（后面我还会再讲），似乎有 25% 到 30% 的人对糖很敏感，这种对糖的反应也让他们更容易患上心脏病。如果这是真的，那也就意味着，有大约四分之三甚至更多的人可以和敏感人群吃一样多的糖，却不会那么容易患上心脏病。

所以，就像我在书中多次提到的，流行病学证据本身并不能证明糖或者其他任何因素，是导致冠状动脉性心脏病的原因。但是在我们寻找可能的致病原因时，这些证据能提供一些线索。有了这些线索，我们就能继续寻找其他类型的证据，检查我们的理论假说是否能站得住脚。总有人说我在鼓吹糖就是导致冠状动脉性心脏病的“原因”，所以虽然已经重复了无数遍，我还是想再次重申一下在每一次讨论这个问题的时候，我说的是什么。

冠状动脉性心脏病的发生与好几个因素都有关系。首先基因遗传就是一个，其余还有后天的因素。在遗传因素的作用下，有些人天生就比其他人更容易受到环境的影响。后天的因素包括超重、吸烟、缺乏运动，以及吃太多糖。也许最终的结果是，所有这些因素对代谢都会产生一样的影响，最后通过同样的机制促发冠状动脉性心脏病。但目前，仍然需要等待更进一步的研究来发现这背后的机理。与此同时，我们也希望能找到一些吃糖很少却得了心脏病的人，和吃糖很多却没有心脏病发作的人。就像有些人不怎么吃糖果，但牙齿上满是洞，还有些人嗜糖果如命，却很少有龋齿。

第十四章
吃糖，且看会发生什么吧

我认为，到二十世纪六十年代初期，就已经有足够多的流行病学证据表明，糖可能是引发冠状动脉性心脏病的原因之一了。所以那段时间我认为，是时候做一些实验来看看饮食中的糖会对身体产生什么样的影响了。西方国家糖消费量的大幅度增加，似乎也伴随着淀粉消费量的减少，而且增幅和降幅也几乎大致相同。注意到这一点之后，我们在实验室里针对大鼠和其他动物展开了饲喂实验。实验餐食含有动物需要的所有蛋白质、脂肪、碳水化合物、维生素以及矿物质，但是在碳水化合物的部分，我们调整了淀粉和糖的相对比例。大部分情况下，碳水化合物要么全是淀粉，要么全是糖，也有些时候是淀粉和糖按比例调配的混合物。我得补充一点，当时也有别的研究人员进行着类似的实验，尤其是耶路撒冷的阿哈龙·科恩教授，不过他的实验研究的是饮食中的糖对糖尿病（而不是心脏病）的致病影响。

在第一个实验中，我们观察了糖对大鼠血液中胆固醇和甘油三酯等脂类物质的影响。我们发现，当大鼠吃下糖之后，血液中的甘油三酯含量急剧增加，而胆固醇含量则没什么变化。此外，改变饮食结构会导致甘油三酯水平的急剧变化——当我们把淀粉替换为糖时，血液中甘油三酯水平会提升；把糖替换为淀粉时，甘油三酯水平则会下降。

后来，有其他研究人员发现，大鼠体内合成胆固醇和处理胆固醇的方式，和我们人类存在很大区别。当使用别的实验动物，比如说狒狒、鸡、猪和兔子的时候，吃糖除了提高血液中甘油三酯的含量，也会提高血液中的胆固醇含量，有时甚至是显著的提高。对非洲刺毛鼠的饲喂实验就发现，给刺毛鼠喂糖之后，它们血液中的胆固醇含量显著提升，甘油三酯的增幅相对较小，这些脂类物质的含量高到让血液呈现明显的乳白色。我们还发现，当动物的饮食中含有糖的时候，大鼠的肝脏体积会增大 25% 左右，而刺毛鼠的肝脏会变成平常的两倍大。

除了用正常的饮食饲喂大鼠，实验中我们还使用过一些含有异常脂肪类型的饲料。在实验中，通常添加的是不饱和脂肪酸，如果换成饱和脂肪酸，同时添加大量胆固醇，就能让大鼠血液中的胆固醇和甘油三酯水平大幅度提升。但如果继续用糖替换掉这份食谱里的淀粉，会发现胆固醇和甘油三酯的水平还会进一步大幅度升高。

除了造成胆固醇和甘油三酯水平的升高，糖还会导致大鼠体内发生很多别的变化。我不知道这其中有多少变化，或者哪些变化，会和人类动脉粥样硬化、冠状动脉性心脏病的形成有关。不过接下来我可以提出一些目前看来似乎和这些病症有关的影响。

关于人体合成与储存脂肪的机制，已经有很多人做了研究。他们认为，这个机制的影响因素可能和构成动脉粥样硬化的脂类物质有关。沿着这样的思路，我们检测了与脂肪合成及储存有关的一部分酶的含量。最先检测的是肝脏中的丙酮酸激酶（pyruvate kinase）。这种酶的作用，就是在体内把各种食物成分转化成脂肪。肝脏是脂肪合成的主要场所，所以，我们可以把丙酮酸激酶活性的提高看作是脂肪合成的重要衡量指标。用幼鼠做的实验表明，在饲喂十天之后，喂糖组幼鼠体内检测到的酶活性是无糖组幼鼠的五倍。

我们还测量了一种叫作“脂肪酸合成酶”（fatty acid synthase）的酶复合物。这种酶主要在肝脏和脂肪里，与脂肪合成的关系比丙酮酸激酶更密切。如果肝脏中脂肪酸合成酶的活性提高，意味着合成了更多的脂肪，同时有更多脂肪进入血液中；如果脂肪组织中的脂肪酸合成酶活性提高，意味着有更多血液中的脂肪被“抓进”脂肪组织，储存了起来。

用糖替代淀粉喂养大鼠的实验进行了三十天之后，我们观测到，大鼠肝脏中脂肪酸合成酶的活性提高了一倍，但脂肪组织中脂肪酸合成酶的活性却只有原来三分之一的水平了。肝脏中酶活性的提高以及脂肪组织中酶活性的降低，意味着肝脏把更多的脂肪释放到了血液中，但是负责把更多脂肪储存起来的酶，不但没有出现补偿性的提升，反而下降了。我们相信这件事情可以这样解释：胰岛素参与了把蔗糖里的葡萄糖部分转化为脂肪的工作，但是没有参与把果糖部分转化为脂肪的过程。再说下去就涉及非常复杂的生物化学过程了，在这里我只是想先举个例子，让大家对糖的复杂作用有个大致的印象。我会在第十九章做更详细的介绍。

在饮食中增加或者减少糖对酶活性的影响非常迅速，不到二十四小时就能够检测到差异；如果再调整回原来的饮食，在接下来的二十四小时内也能检测到反向的变化。

我在前面提到过，除了血液中脂类物质的含量，人类的冠状动脉性心脏病还有许多其他特征，因此我们在实验中还观察了喂糖组大鼠的其他特征。这些特征包括：血压升高，身体处理高血糖的效率降低，血小板特性的变化，以及血液中胰岛素含量的变化。在维持高糖饮食几个月后，大鼠身上几乎出现了所有这些特征。

空腹服用一个剂量的葡萄糖之后，正常饲喂的大鼠血糖水平会出现适度上升，然后会迅速回落到空腹时的水平。而保持高糖饮食的大鼠，空腹血糖水平就比正常大鼠高，在空腹服用一个剂量的葡萄糖之后，血糖上升的幅度更大，也需要更长的时间才能恢复。如果这本书是讨论糖和糖尿病的关系，那我还能再多介绍一些关于"葡萄糖耐受性减低"（reduced glucose tolerance）的这个特性。

1 立方毫米的血液中包含有大约 25 万个血小板、550 万个红细胞和 7500 个白细胞。如果"立方毫米"这个单位听着不熟悉，也可以给这些数据统一乘以 1000，就是每 1 立方厘米（大约一颗方糖的大小）血液中含有的各种细胞，或许这样能更直观一些。再用这些数字乘以 5000，得出的差不多就是一个成年人全身上下所有的血小板、红细胞和白细胞数量。

血小板在凝血过程中起着重要作用。凝血是一个非常复杂的过程，其中一个重要的早期步骤，或者说第一步，就是血小板特性的改变——它们会变得更黏稠，更容易附着在动脉内壁上。凝血时，血小板也会变得更容易聚集在一起。

在严重的动脉粥样硬化或者冠状动脉性心脏病患者中，血糖、血小板的变化，以及其他身体指征的变化都很常见。我们检测了喂糖组大鼠的血小板，发现它们的血小板比无糖组大鼠的更容易聚集在一起。稍后我再展开讨论血小板的细胞行为。

我越来越倾向于认为，发现冠状动脉性心脏病奥秘的线索，其实就隐藏在体内的激素紊乱之中。这也是为什么我认为，科恩教授和其他一些同仁的工作非常重要，因为他们发现，喂糖组大鼠的身体，在胰腺分泌胰岛素这项工作上出现了异常。我和我的同事们还发现，喂糖组大鼠还会出现肾上腺增大的症状。

我们还没能在大鼠身上诱发动脉粥样硬化，原因在于我们使用的动物品系对这种病具有抵抗力。但是其他研究者中已经有了成功的案例。巴黎的舍维拉尔博士和他的团队已经报告说，在饮食中加入糖之后，老鼠的主要血管——主动脉——会出现动脉粥样硬化的症状。

虽然我们的大鼠没有出现动脉粥样硬化，但是我们也分析了喂糖组大鼠的主动脉，检查动脉内壁的脂类物质是否存在差异。我们发现，喂糖组大鼠主动脉中的胆固醇和甘油三酯含量明显高于淀粉组的大鼠。我们还研究了饮食中添加饱和脂肪酸与不饱和脂肪酸的影响，结果发现，饮食中脂肪酸比例的差异并不会影响主动脉组织中的脂类物质。

到目前为止，我一直在说我们是用大鼠做的实验，这是因为不论是我们还是别的研究团队，大部分关于蔗糖影响的实验都是用大鼠来做的。当然，也有一些实验用到了别的动物。我们和其他研究人员都发现，给兔子喂糖也会提高它们的胆固醇水平。用公鸡和猪做实验时，我们发现糖提高了甘油三酯的水平，在猪的血液中还检测到高水平的胰岛素。罗德岛浅花苏赛斯品种的小公鸡在吃糖以后，主动脉内壁形成了相当明显的动脉粥样硬化，但是吃淀粉的时候却没有。第二次实验的时候，我们用的是白来航品种的小公鸡，测量了它们体内受脂肪沉积影响的主动脉面积。结果显示，喂糖组受影响的面积是46%，而无糖组的还不到1%。

那么人类受试者呢？伦敦盖伊医院的伊恩·麦克唐纳教授与人类志愿者合作进行了许多实验。大部分实验只持续了几天时间，在这期间，受试者会接受含糖或者不含糖的饮食。简而言之，他发现年轻人吃糖之后血液中甘油三酯含量的提高尤其明显，胆固醇水平也会提高。年轻女性是个例外，但过了更年期的中老年妇女还是会受到同样的影响。

耶路撒冷的科恩教授进行的大部分实验，都比麦克唐纳教授的实验时间长，并且科恩教授的受试者吃的都是普通食物，而不是用各种提纯后的食物成分混合出来的“实验餐”。比如说，实验饮食中的碳水化合物要么是面包这样的淀粉类食物，要么就是糖。科恩教授和他的同事发现，含糖饮食不仅会导致胆固醇水平升高，也会降低身体的葡萄糖耐受性。

到目前为止，好几个实验室的研究结果都能证实，饮食中的糖会提高血液中胆固醇和甘油三酯的含量。我们自己做的实验中，先对受试年轻人的日常饮食做了量化处理，然后让他们用糖代替部分淀粉，同时尽量不改变其他的饮食习惯。我们在三个不同的时间节点对这些受试者进行了详尽的检查：一是实验开始前他们正常饮食的时候；二是他们坚持了两三周高糖饮食之后；三是在实验结束，他们恢复了两周的正常饮食之后。

有 19 位年轻男性参与了我们的第一次实验，实验结束时所有人的血液甘油三酯含量都有所提升，还有 6 位受试者表现出了其他的异常特征：体重增加了大约 2.26 千克，血液中胰岛素水平上升，血小板的黏稠度也有所增加。在恢复正常饮食两周后，几乎所有的异常全部消失。

我们发现，实验结果有三个方面特别有意思。第一，大约四分之一到三分之一的受试者表现出了对糖的特殊敏感性，其他人则没有。这表明，吃糖以后只有一部分人更容易罹患冠状动脉血栓。

第二，胰岛素水平的升高让我们联想到，有两三个英国研究者一直认为，胰岛素水平升高可能是导致动脉粥样硬化的关键因素。

第三，我们还发现了一个有趣的现象：那些从胰岛素水平变化上看起来对糖更敏感的受试者，在高糖饮食期间也增加了不少体重，但是在恢复正常饮食之后两周内，他们的体重又降了回去。这让我们想到超重与冠状动脉血栓形成之间的相关性。确实也有人质疑说，如果吃糖真会提高心脏疾病的患病概率，那这种影响也只是间接的，因为含糖饮食容易导致超重，而超重的人更容易患心脏疾病。为了检验这一点，我们邀请一些年轻男性做了过量饮食的实验，要么过量吃糖，要么过量吃淀粉。吃糖以后，血液中甘油三酯和胆固醇的含量都会提升；但是如果吃的是同等热量的淀粉，血液中这两种脂类物质的含量都没有变化。

不管怎么说，超重确实会提高患心脏疾病的风险。而且，许多超重的人也确实表现出了心脏病的一些特征，比方说高血压、高血糖、高胰岛素水平以及胰岛素不敏感。

容易患冠状动脉性心脏病的人还有一个共同特征，那就是血压会升高。理查德·阿伦斯博士曾经在我的实验室工作过一年，他的研究是为数不多的探究含糖饮食是否会导致血压升高的调查研究之一。阿伦斯博士发现，大鼠在吃糖之后，血压会出现小幅但稳定的升高。之后，他邀请一些年轻男性进行了类似的实验，受试者分别接受含糖量不同的饮食。结果显示，他们的饮食中含糖量越高，血压升高的幅度相应地也就越高。在给糖与心脏病这个研究主题写综述时，阿伦斯博士写道：冠状动脉性心脏病“在全球范围内的继续流行，与蔗糖的消费量呈现出大致的正比例关系，而与饱和脂肪酸的消费量则不构成比例关系”。

我们发现那些大量吃糖的人中只有一部分会患动脉粥样硬化，由此我们进一步假设，那些患有动脉粥样硬化的中年人和没有这种疾病的中年人之间，应该存在着一些差别。患病的人中一定包含了吃糖之后体内胰岛素水平会升高的人，那么他们吃糖的数量和胰岛素水平之间应该存在某种关系；一直到中年都没有表现出任何动脉粥样硬化迹象的人中，一定也包括了对糖不敏感的人，因此他们吃糖的数量和胰岛素水平之间应该不存在任何关系。

我们在两组受试者中检验了这一假设，每组有 27 位中年男性参加。一组是周围血管疾病患者，另一组是没有任何症状，定期来诊所体检的人。实验结果证实了我们的假设。总体而言，吃很多糖的患者体内的胰岛素水平，比吃糖少的患者体内的胰岛素水平要高；而在“正常人”中，吃糖多的人和吃糖少的人体内的胰岛素水平没什么差异。

第二次实验有 23 位男性参加，得出的几个结果和第一次实验相同，不过，除此之外他们还表现出一些别的特征。相同的是，两周高糖饮食之后，所有受试者的甘油三酯水平都升高了，其中还有 6 名受试者的胰岛素水平和血小板黏稠度也都升高了。但在这次实验中，所有受试者的胆固醇水平也出现了明显的升高，而葡萄糖耐受性都有所改善。关于对葡萄糖耐受性的影响，我之后会细说。

奇怪的是，出现不同的结果并不是由于第二次实验时吃了更多的糖。事实上，第一次实验的受试者平均每天会吃 440 克糖，而第二次则是 300 克。我们认为，在高糖饮食的条件下，之所以不能每次都发现某个特定的变化（例如，在第一次实验中胆固醇没有升高，但在第二次实验中却升高了），是因为“糖给身体带来的变化”与“身体通过调整代谢过程从而适应其中一些变化的能力”之间存在着非常复杂的相互作用。这个观点我会在下文中进一步讨论。

我们邀请那些表现出胰岛素水平升高以及其他相关异常的志愿者又进行了其他一些实验。在其中一个实验中，我们选择了 3 位受试者，让他们再次尝试高糖饮食，并且更仔细地研究了对血小板的影响。同时，我们还选择了之前实验中胰岛素并没有因为高糖饮食而升高的 3 位受试者，进行了同样的实验。这样我们比较的就是潜在的“高胰岛素”人群与“对照组”人群了。在实验中，我们观察了悬浮在血浆中的血小板，在电场内会表现出什么样的细胞行为。这个过程被称为“电泳”[1]，血小板会以特定的速度向正极移动。如果添加少量的二磷酸腺苷（adenosine diphosphate），血小板的移动速度会稍微快一些。如果继续添加更多的二磷酸腺苷，血小板的移动速度会明显加快。起码，正常人的血小板就是这样的。然而，在患有各种疾病的人群中，血小板的行为会有不同的表现。差异最明显的就是动脉粥样硬化病患者，他们的血小板在低浓度二磷酸腺苷电场中的移动速度快得多，但随着二磷酸腺苷浓度上升，血小板的移动速度又会慢得多。

接下来你就能理解，为什么我们想要观察含糖饮食对高胰岛素人群和对正常人群的血小板会产生什么影响了。我们很快就找到了答案。正常饮食情况下，高胰岛素的三位受试者和对照组的三位受试者，他们的血小板行为都表现正常；然而，在接受为期十天的高糖饮食之后，高胰岛素受试者的血小板表现出了和动脉粥样硬化患者一样的行为，而对照组受试者的血小板没有变化。结束高糖饮食一周后，高胰岛素受试者体内的血小板开始恢复正常。

我们还邀请高胰岛素志愿者参加了另外一项实验，观察含糖饮食是不是也会像影响胰岛素一样，影响肾上腺

[1] 电泳（electrophoresis）又名“电游子透入法”，指溶液中荷电粒子在外加电流影响下的移动。释义来源：《朗文医学大辞典》，（美）鲁思·柯尼希斯贝格主编、蒋琳主译，北京：人民卫生出版社，2000 年，第 455 页。

分泌的激素。我们选择了11位受试者再次接受高糖饮食。在改变饮食之前和接受高糖饮食两周后，我们测量了他们体内的胰岛素，以及肾上腺分泌的一种和皮质醇有关的激素。结果发现，在高糖饮食两周后，受试者的空腹胰岛素水平提升了40%，但是肾上腺素激素提升得更多，大约达到了原始值的300%到400%。这个结果让我们想起了之前动物实验中"吃糖导致大鼠肾上腺增大"的发现。

研究报告的最后，我们提出了一个想法，建议实验的结果可以用来筛查人们对于蔗糖的敏感性，或者说可以帮我们确认"蔗糖敏感"的人群：如果短时间的高糖饮食就会导致胰岛素或者肾上腺分泌的激素升高，我们就应该意识到，这些人面临着患冠状动脉性心脏病的风险；如果高糖饮食没有影响这些激素，就说明高糖饮食不会导致这些人罹患冠状动脉性心脏病，当然，其他可能的致病影响还是存在的。坏消息是，我们当时忙着进行其他的研究，并没有更深入地探讨这个想法。到今天也没有其他研究者继续研究这一问题。

在公开发表大约六年之后，我们的实验结果得到了美国农业部营养实验室的谢尔登·赖泽博士和他团队的证实。在为期三周的时间里，他们为男性和女性受试者提供要么含糖要么含淀粉的饮食，三周之后对调，再继续三周时间。当接受含糖饮食时，男性受试者血液中甘油三酯、胆固醇和葡萄糖含量的增幅比女性受试者更明显。但是对我们来说更有意思的一点是，这些美国同仁们证实了我们的一项观察——大约四分之一的受试者对糖特别敏感，他们血液中胰岛素的浓度也升高了。赖泽博士的一些实验还能证明，“正常”吃糖，大约就是美国人的平均水平，就足以产生这些效果了。

（顺便讲一个好玩儿的小故事。赖泽博士的实验结果发布之后不久，我接到了一位美国医学记者的电话，问我是否听说了赖泽博士的报告，如果听说过，那我是否认为这是一个突破。我回答说，我确实认为这个研究很重要，但我的看法可能会略有不同，因为赖泽博士的论文虽然是对我们之前研究结果的肯定，但并没有什么新的发现，所以应该不能算作“突破”。结果，这位记者坚持说，这至少是美国的一个突破，难道你不这么认为吗？）

因此我们认为，患冠状动脉性心脏病的根本原因是体内激素水平失调。比如说，除了胰岛素和肾上腺素的升高，许多冠状动脉性心脏病患者体内的雌激素也会增加。最近我们检测了一些志愿者血液中雌激素的浓度。我们邀请了年轻男性作为受试者，让他们把每天吃的糖从平均150 克减少到大约 55 克。三周之后，他们体内的雌激素浓度从 11.5 个单位下降到 8.4 个单位。实验结束，恢复了两周的正常饮食之后，他们体内雌激素的浓度就又回升到了11.1 个单位。

第十五章
血糖太高，或者太低

人体的运作方式，很大程度上是为各个器官和组织维持一个相当恒定的工作环境。一旦出现任何异常，比方说血糖高出或者低于正常水平，身体都会立即采取行动，将异常值恢复到正常水平。身体的这些行动，虽然一部分受到神经系统影响，但主要还是激素在控制。如果这种控制机制由于某种原因无法正常运作，就会导致血液中的葡萄糖出现过剩或者不足，这种状况可能是短期的，也可能是长期的。血糖过高的情况被称为“高血糖症”（hyperglycaemia），血糖过低的情况被称为“低血糖症”（hypoglycaemia）。

糖尿病[1]

引发高血糖症最常见的原因是糖尿病。这种疾病已经被细致深入地研究了很长时间，肯定超过一百年，但是依然有很多我们不了解的地方。让我先总结一下学界已经知道的东西。当然，我在这里做的总结肯定会比实际的研究发现简单得多，而且，在现有知识局限性的基础上，我也必须更“敢说”一点。

一般而言，糖尿病多发在儿童或者中年人身上。与成年型糖尿病[2]相比，青少年糖尿病[3]更多源自家庭遗传因素。患有糖尿病的儿童在长大后通常都很瘦，而患上成年型糖尿病的一般是超重人群。大多数青少年糖尿病患者对胰岛素治疗都反应良好，而大部分成年型糖尿病对胰岛素的抗性更高。因此，现在普遍将患者分为“胰岛素

---

[1] 世界卫生组织对“糖尿病”这一术语的描述是：具有多个病因的代谢性疾患，特点是出现慢性高血糖，伴有碳水化合物、脂肪和蛋白质代谢紊乱。其成因是胰岛素分泌、胰岛素作用或者两者均出现缺陷。糖尿病有两种主要类型：一型糖尿病和二型糖尿病。此外，还有妊娠期糖尿病等其他类型糖尿病。释义来源：https://www.who.int/diabetes/zh/

[2] 成年型糖尿病（maturity-onset diabetes）指超重者在四十岁以后开始发作的糖尿病，常无症状。与青少年糖尿病不同，其胰岛素缺乏程度较轻，不易发生酮酸中毒。常仅靠饮食或口服降糖药即可控制，但可发生微血管与大血管并发症。注释来源：《朗文医学大辞典》，（美）鲁思 · 柯尼希斯贝格主编、蒋琳主译，北京：人民卫生出版社，2000 年，第 386 页。

[3] 青少年糖尿病（juvenile diabetes）指侵袭婴儿、儿童和少年并持续至成年的糖尿病，与成人型糖尿病明显不同，有特定的遗传特征和显著的家族倾向。其特征为严重胰岛素缺乏，并有极大可能早期发生微血管与大血管退行性并发症。注释来源：同上。

依赖型”和“非胰岛素依赖型”。1890 年，冯·梅林和明科夫斯基发现，摘除狗的胰腺可以诱发糖尿病。之后不久便有科学研究证明，胰腺中名为“朗格汉斯岛”(islets of Langerhans) 的细胞群能够产生一种预防糖尿病的物质。1921 年，班廷和贝斯特成功地提取出这种有效物质。之后这种物质被命名为“胰岛素”，对应的英文单词“insulin”来源于拉丁文，“*insula*”是拉丁文“岛屿”的意思，真是再恰当不过了。

过去，治疗糖尿病最常用的方法是注射胰岛素。而如今，患者普遍采用口服药物，主要分为两类：一类是促进胰腺分泌更多胰岛素；另一类是提升细胞对胰岛素的敏感性，充分利用胰腺已经分泌的胰岛素。

通过注射或者口服药物，有些糖尿病患者的病情得到很好的控制，但即便如此，他们也依然有可能在几年后发展出其他疾病，比如周围血管疾病，或者形成冠状动脉血栓。糖尿病还会导致白内障、视网膜炎等眼部疾病，以及肾脏疾病。目前我们还不清楚这些并发症状出现的原因，但是，体内血糖水平长期处于异常状态，或者血液中酮体[1]之类的其他物质长期处于异常状态，或许是一部分原

[1] 酮体（ketone body）是肝内正常的中间代谢产物，是肝输出能源的一种形式。饥饿、糖尿病或糖代谢其他障碍可使之过量积累。释义来源：《实用医学词典》，谢启文、于洪昭主编，第 2 版，北京：人民卫生出版社，2008 年，第 750 页。

因。在第十九章我会提到，有理由相信，持续的高胰岛素水平有可能会引起动脉疾病。我也会接着讨论糖尿病、超重和动脉疾病之间的更多有趣联系，以及“患有这些疾病的人，血液中可能都存在过量的胰岛素”这个事实。

专家们认为，在富裕国家，糖尿病比过去更加普遍。总体而言，目前糖尿病在富裕国家比在贫穷国家更为普遍。坎佩尔博士在南非纳塔尔调查了一些印度裔居民，他们的糖尿病患病率比印度本土居民高得多。据说，纳塔尔居民人均每年要吃掉 50 千克甚至更多的糖；而在印度，人均每年只吃 6—9 千克的糖。此外，在印度裔纳塔尔居民中，相对富裕的群体患糖尿病的人数也比穷人更多一些。

长期以来，很多人一直认为糖尿病可能就是因为吃糖引起的。“糖尿病”嘛，顾名思义，指的当然是在尿液中有糖存在（注意，是葡萄糖）。但是人们也会认为，“糖尿病”这个名字中的“糖”指的是饮食中的蔗糖，因此除了症状和糖有关之外，糖尿病的病因也是糖。所以，其实在发现胰岛素之前的一百多年时间里，人们就都知道低碳水化合物饮食，尤其是低糖饮食，是治疗糖尿病的最佳方式。

也有相当多的实验证据表明，糖可能会导致糖尿病。一些早期的研究是科恩教授进行的，我和我的同事也证实了他的研究结果。用糖喂养的大鼠会出现葡萄糖耐受性下降的现象，类似于糖尿病患者的症状。也就是说，如果给空腹状态的动物喂一个剂量的葡萄糖，血液中本来就很高的葡萄糖水平会上升到一个更不正常的水平，而且不会在通常的一个半到两个小时内再恢复到空腹水平。

科恩教授还证明，以含糖比例 67% 的食物喂养三周之后，或者以含糖比例 40% 的食物喂养六周之后，或者以含糖比例 33% 的食物喂养十三周之后，在这三种实验条件下，大鼠都会表现出葡萄糖耐受性降低的情况。恢复正常饮食数天后，葡萄糖耐受性会恢复正常；但是如果继续饲喂含糖食物，大鼠的葡萄糖耐受性又会再次降低。

后来，科恩教授在我的部门工作了几个月，其间，我们再次研究了吃糖对大鼠的影响。这次我们给大鼠注射了一种用于治疗糖尿病的药物——甲苯磺丁脲（tolbutamide），它会刺激胰腺分泌胰岛素，降低血糖水平。我们认为，如果含糖饮食在大鼠身上诱发了糖尿病，它的身体利用葡萄糖的方式肯定就和正常大鼠不一样了。这样一来，在降低血糖方面，甲苯磺丁脲能发挥的作用就会变小。

以下就是我们的发现。在其中一项实验里，经过大约八周时间后，注射（甲苯磺丁脲）让吃淀粉组大鼠的血糖降低了 31%，让吃糖组大鼠的血糖降低了 26%。第二项实验得出的数据分别是 32% 和 27%。

长期患糖尿病的人往往会因为视网膜异常变化导致视力下降，这种情况被称为“糖尿病视网膜病变”（diabetic

retinopathy）或者“视网膜炎”（retinitis）。几年前，阿哈龙·科恩教授就证明，饮食中的糖会导致大鼠眼睛出现异常。科恩教授和同事们使用了一种非常精密的技术，测量视网膜对闪光的电反应。他们发现，喂糖组大鼠的这种电反应表现出了减弱的迹象。发现这一现象之后，伦敦的一个研究小组又进行了更为详细的研究，我的一位同事也是那个研究小组的成员之一。通过详细的生化检验和显微镜检查，他们得出的结论是：吃糖引起的大鼠视网膜异常，与糖尿病大鼠表现出的视网膜病变是一样的。

饮食中的糖不仅会使肝脏增大，还会导致肾脏增大。在最开始研究饮食中糖的影响时，阿哈龙·科恩教授就指出，喂糖组大鼠的肾脏出现了异常，比如毛细血管之间的纤维组织会增多。得知这一发现之后，我们研究组对“糖对肾脏的影响”越来越感兴趣，这主要有两个原因。第一个也是最主要的原因是，我们越来越认识到，含糖饮食对肾脏的影响和糖尿病对肾脏的影响非常相似。第二个原因则完全是个巧合。伊丽莎白女王学院生物化学系的普赖斯博士一直在研究各种肾脏疾病的生物化学变化。他和同事们发现，肾脏受损的早期迹象，是尿液中某种特定酶的含量显著增加。这种酶的名字非常长，共有56个英文字母。简写名稍微短那么一点，但依然很长——β-N-乙酰氨基葡萄糖苷酶（N-acetyl-ß-glucosaminidase）——也有23个英文字母。更常见的缩写是 NAG。

我们发现，用含糖饮食喂养的大鼠尿液中的 NAG 水平会升高；提高了糖摄入量的人类志愿者，尿液中的 NAG 水平也同样会升高。用含糖饮食喂养大鼠一年之后，在它们的肾脏中可能会发现微小的钙化沉积物。我不能断言说，这就足以证明吃糖是导致肾结石的原因之一；即使确实如此，它也不会是唯一的因素。众所周知，肾结石在吃糖很少的人群中更常见，而且在富裕国家，饮食中糖的比例还没有现在这么多的时候，肾结石就已经很常见了。另一方面，大多数的肾结石中含有草酸钙或者尿酸，而有研究显示，饮食中的糖可能会增加尿液中草酸钙或者尿酸等物质的含量，或许这之间也有什么联系。从事这项研究的科学家还说，肾结石患者的葡萄糖耐受性更低，就像糖尿病患者一样。

不过，能够说明“饮食中的糖与糖尿病之间关系”的最有力的证据，来自我们自己在伊丽莎白女王学院做的肾脏研究。我们用电子显微镜检查了喂糖组动物的肾脏，这种显微镜能够拍出放大一万倍甚至更高倍数的照片。接着，我们观察了构成肾小球毛细血管的细胞，尤其是它们的细胞膜。肾小球毛细血管是肾脏中大量存在的微小过滤单元，也是“血液经过肾脏过滤产生尿液”这个复杂过程的第一阶段。我们注意到，这些细胞膜比正常的细胞膜要厚得多。这很有趣，因为肾小球基底膜增厚被认为是糖尿病患者发展出糖尿病性肾病[1]最典型的特征。

在此基础上，我们分离了肾小球基底膜，通过一系列非常复杂的生化分析，测量了它的成分。我们在喂糖组大鼠体内发现，构成肾小球基底膜的几种特殊化学单元的水平比正常情况更高，同时，参与制造肾小球基底膜的酶的活性也更高。这些证据足以表明，肾小球基底膜确实在增厚。

这些因为吃糖导致的异常，和因为其他原因患有糖尿病的大鼠所表现出的异常完全类似。

这项研究为什么如此重要？在英国，大约有 15% 的肾衰竭患者——无论他们是否在接受透析或是肾脏移植——都是由糖尿病发展而来的。而在美国，接受肾脏疾病治疗的患者中，这个比例是 25%。

最后，我想聊聊糖尿病和冠状动脉性心脏病之间的关系。一方面，假如你患有糖尿病，那么你患冠状动脉性心脏病的概率就比正常人高；另一方面，假如你患有冠状动脉性心脏病，那么患糖尿病的概率就会比正常人高——或者至少是葡萄糖耐受性受损，也就是所谓的“临床前的糖

[1] 糖尿病性肾病（diabetic nephropathy）指与糖尿病（包括糖尿病性肾小球硬化、动脉性肾硬化、微动脉性肾硬化）以及肾乳头坏死和肾盂肾炎有关的糖尿病性肾病。释义来源：《朗文医学大辞典》，（美）鲁思 · 柯尼希斯贝格主编、蒋琳主译，北京：人民卫生出版社，2000 年，第 945 页。

尿病”（pre-clinical diabetes）。我认为，认识到这种重叠对于理解“糖如何引发这两种疾病”是很重要的。

低血糖

最了解低血糖的人，应该是糖尿病患者。在治疗过程中，他们或早或晚会因为使用了太多胰岛素或者什么新型的口服药物，出现低血糖的症状（血液中葡萄糖含量过低），严重时甚至会导致昏迷。但很多没有患糖尿病的人也会出现低血糖，虽说很少严重到失去意识的程度。

一开始你会觉得饿，身体虚弱，然后开始出汗，接着，身体可能会开始打战，你会觉得头晕目眩，可能还会伴随着剧烈的头痛……如果这种状况持续下去，你可能就会变得神志不清，走路踉踉跄跄，说话也会开始变得含糊不清。这时候如果遇到警察，他可能会觉得你是喝醉了在捣乱。

所有这些症状，都是因为你的血糖降到了一个异常低的水平。在糖尿病患者身上发生这样的状况，倒是很容易理解——他们可能注射了胰岛素或者服药来降低血糖，然后由于各种原因错过了早餐。另一种好理解的情况是，有的患者体内有胰腺瘤，导致分泌胰岛素的细胞过度增长，在极端情况下，他们也会出现低血糖的症状。

没有糖尿病的人身上如果出现低血糖，最常见的原因就是吃了大量的碳水化合物，尤其是糖。任何一顿饭都能提升血糖水平。如果食物中含有糖、淀粉或者葡萄糖，它们很快就会以葡萄糖的形式进入血液。如果食物中含有蛋白质或者脂肪，它们在体内经过消化的产物，也会有一部分转化为葡萄糖，但是转化速度较慢。此外，蛋白质和脂肪还会延缓食物营养成分的吸收。

但血糖升高只是暂时的，因为吃下大量碳水化合物的影响之一，是刺激胰腺分泌更多的胰岛素。这样不仅会加快血糖分解的速度，还会把更多的葡萄糖转化为糖原储存在肌肉和肝脏里。结果就是，血糖回落到正常水平。大量吃糖，尤其是在两餐之间大量吃糖，如果胃里又没有其他可以延缓吸收的食物成分，那么身体就会以远超平时的速度吸收大量的葡萄糖。接下来，血糖会迅速升高，身体开始大量分泌胰岛素。于是，血糖开始大幅降低，会低到一个异常的水平，如果低到了一定程度，就会出现低血糖的症状。

也有一些证据表明，持续的高糖饮食，至少在一段时间内会提高胰腺的敏感性。这样一来，胰腺就更容易对“增加胰岛素分泌”的指令做出反应，也就更有可能出现低血糖症。

怎么治疗低血糖呢？如果忽略我刚才描述的那个过程

所带来的影响，很显然，你可以给低血糖的人吃块糖，或者喝一杯含糖饮料。效果简直立竿见影：几分钟内，所有出汗、虚弱和眩晕之类的症状都会消失。但是如果你稍微思考一下就会发现，不论多么有效，这都不是长久之计，因为血糖快速升高之后，随之而来的可能就是快速下降。

这种情况下，我们必须防止血糖的大幅度波动。最好选择能够缓慢升高血糖的食物，这样才能避免胰腺分泌过多的胰岛素。这也是为什么当血液中缺糖（葡萄糖）时，看似矛盾但最好的治疗方法，是尽量避免摄入含糖（蔗糖）的食物。

我们来谈谈婴儿低血糖吧。早产儿有时会出现低血糖的症状，这可能是因为他们体内的激素还不能控制血糖的平衡。严重时，有些早产儿会因此失去意识，甚至死于低血糖。由于这种情况的紧急性和危险性，此时的最佳疗法是给新生儿一些糖（蔗糖），或者最好能给他们口服一些葡萄糖，甚至静脉注射也行。

你可能会认为，足月出生的婴儿不像早产儿那样容易出现低血糖，但和成年人比，婴儿对糖的破坏效应更为敏感。考虑到现在的小宝宝们接触糖的时间越来越早，再想想妈妈们每次喂食的量，如果看到有越来越多的婴儿在很小的月龄就出现低血糖，你也许就不会那么惊讶了。

有一种看法（尤其在美国）认为，低血糖很普遍。我个人的观点是，虽然低血糖并不少见，但也并不像人们常说的那么普遍。还有，我们反复听到的（再次强调，尤其是在美国）所谓“饮食中的糖分可能会导致儿童多动症和青少年犯罪”，这一点并没有得到证实。据说这两种情况都与低血糖有关，只需要戒糖（或者大量限糖）就能治愈。尽管有人说，这些观点已经被一些很严谨的实验证实了，但只要更仔细地核查一下这些实验中用到的方法，你就会发现，这个观点离“被证实”还早得很呢。

冠状动脉性心脏病与糖尿病的联系

我个人之所以认为“糖是导致糖尿病和冠状动脉血栓疾病的原因之一”，上文已经做了详细论述。虽然并不是只有这两种疾病和糖有关，但它们可能是与糖有关的最重要的疾病。在开始讨论其他疾病状况之前，我想先总结一下前文我曾使用过的，与冠状动脉性心脏病相关的论点，这不只是前面几十页内容的凝练，也能帮助读者弄清楚冠状动脉性心脏病与糖尿病之间的密切联系。

最好的方式是把冠状动脉性心脏病的主要特征一一罗列出来：

1. 患者身上会表现出的各方面的异常。

2. 患病原因复杂多样，包括吸烟、缺乏体育活动、体重超标、周围血管疾病和糖尿病。

3. 男性与女性的发病率存在差异。

4. 与其他疾病，尤其是糖尿病、高血压、痛风、胆囊疾病、消化性溃疡和周围血管疾病的联系。

心脏疾病表现出的各种异常，如果仅仅是因为体内处理膳食脂肪的功能出现紊乱，或者仅仅是由于机体对血液中胆固醇含量的控制受到干扰，实在很难令人信服。如此复杂的相互关系和异常，更有可能是由体内激素失衡引起的，特别是像胰岛素、皮质醇和雌激素这样，可以影响体内诸多功能和化学反应的激素。不仅如此，一种激素的活性被扰乱，常常也会影响到另一种或好几种激素的活性。因此不难想象，身体之所以发展出不止一种疾病的前提条件，很可能是因为体内的激素水平发生了失衡与紊乱。

“冠状动脉性心脏病是由体内激素失调引起的”，这个说法并不新鲜，只不过之前一些类似的说法现在已经没什么人记得了。女性体内的激素，会在绝经前提供相当程度的保护，从这一点几乎就能自发地推断出，激素（在疾病产生和发展的过程中）有可能发挥的作用。激素参与疾病发展的观点，最早在 1956 年就有人提出了。一些研究者随后指出，患有糖尿病的年轻女性特别容易患冠状动脉性心脏病，而且她们“丧失对冠状动脉粥样硬化的免疫力”可能是因为注射的胰岛素。1961 年，另一组研究者写道：“很显然，任何关于冠状动脉性心脏病病因的说法，都必须解释性别比例（的差异）。”他们也认为，这一点充分说明这种疾病是由激素引起的。

其他研究者也认为，冠状动脉血栓的形成可能是由于血液循环中胰岛素水平的异常偏高。关于这一观点，可以找到好几项证据支持，其中最明显的是，大部分患者的血液中都含有高水平的胰岛素。第二，在大家公认的冠状动脉性心脏病病因中，有好几种都伴随着血液中过高的胰岛素水平，比如吸烟、体重超标、周围血管疾病，以及二型糖尿病。第三，减重和增加体育活动都能降低罹患冠状动脉性心脏病的风险，也都可以降低胰岛素水平。第四，大鼠实验表明，注射胰岛素会导致体内主动脉的胆固醇沉积增加。

至于糖，最相关的事实是，饮食中的糖，可以引起冠状动脉性心脏病和糖尿病表现出的每一种异常。

第十六章
让人又爱又恨

糖和严重的消化不良之间存在什么样的关系？我对这件事产生兴趣几乎完全是出于偶然。很长时间以来，我的研究领域一直是肥胖和肥胖症的治疗。依据已有的理论，几年前我开始采用“限制碳水化合物”的方法治疗患者。起初，我建议的饮食模式主要是限制碳水化合物，同时也会稍微限制一下脂肪。然而大约两三年以后，我意识到只需要主动限制碳水化合物就行，因为实践证明，这样自然而然地就同时限制了脂肪。

多年来，我一直在医院和学校向超重人群推荐这种饮食方式。我在第二章也提到过，低碳水化合物的饮食也更接近人类祖先在至少两百万年的演化过程中一贯的饮食方式。

有超重患者来问诊时，我会从一般问题开始问起，其中有些是关于消化不良的。比如我会问：你有没有消化不良的问题？饭后会不会有什么疼痛或不适？是哪儿痛？什么类型的痛？出现的频率怎么样？每次出现一般持续多久？你一般吃什么（药）来止痛？……回答完关于健康的很多问题之后，接着我们会对患者进行检查，测量体重和其他指征。接下来的几周，每次患者来医院，我还会再问一遍同样的问题。之后回顾的时候我就发现，如果患者体重减轻了，他们也就不再会出现呼吸急促、疲惫之类的问题，髋关节不疼了，到了晚上脚踝也不再肿胀了。

这些变化都在预料之中。还没等体重下降，几乎是从他们开始采用低碳水饮食的时候，消化不良的情况就得到缓解了。

我来谈谈自己的亲身经历。年轻的时候，我曾经得了严重的消化不良，经诊断是十二指肠溃疡。医生给了我当时最新的建议：不到迫不得已不要动手术，继续工作，放轻松，不要过度劳累，避免辛辣食物，少食多餐。渐渐地，我连蛋糕和点心也戒掉了，因为我发现自己吃了这些食物之后会出现胃灼热。但我仍然会经常服用三硅酸镁或三硅酸铝这样的抗酸剂。

后来我发现，和许多久坐不动的中年男人一样，我的体重也开始往上走了。就像我给患者的建议那样，我自己也大大减少了每天饮食中的碳水化合物含量，帮我控制住了体重。几个月后，我突然意识到，自己的消化不良症状几乎完全消失了。

基于对自身经历的观察，我决定做一次测试，以检验“低碳水化合物饮食确实能缓解消化不良症状”的假设。这项任务比你想象的更为艰巨。

首先，严重的消化不良通常出现在压力很大的人身上，但并不是所有患者的描述都能作为准确的诊断依据。其次，消化不良通常是间歇发作的，疼痛持续几周后，可能也没什么特别的原因就不疼了，之后几周甚至几个月也不会再发作。

即便如此，我依然认为有必要试试看低碳水饮食是否真的能改善消化不良。我们设计了一个非常全面的实验方案，然后在伦敦国王学院医院开展了这项实验。按照我们的要求，当遇到症状已经持续（可能不是连续的）六个月以上的严重消化不良患者时，内科和外科医生就会把患者送到实验组。其中许多患者的症状甚至持续了五年甚至更长时间。少数没有参加实验的患者，是那些症状严重到已经准备去做手术的人。

每个患者都需要先经过医生的仔细询问和检查，然后才会被送到实验组的营养师那里。进组的患者要么接受当时常用的传统饮食疗法，要么接受低碳水化合物饮食疗法。传统饮食疗法包括：避免油炸食品和泡菜、香辛料之类的刺激性食品，少食多餐，不喝酒，尤其是不能空腹喝酒。每隔一段时间，患者会再次来医院，找医生评估病情进展，随后去找营养师沟通自己的饮食状况。医生不知道患者的饮食状况，而营养师不知道患者的病情进展。

三个月后，两组患者进行饮食对调，也就是原本接受传统饮食治疗的患者开始接受低碳水饮食疗法，而原本接受低碳水饮食的患者换成传统饮食疗法。如此再持续三个月。

在这样严格的实验条件下，我们花了两年多的时间才收集到 41 位患者的信息。当然，对此我们一点儿也不意外。六个月的实验期间，这 41 位患者会定期报告自己的病情，而且根据我们的判断，他们也都遵守了营养师的饮食指导。我和医生两人根据他记录的详细数据，分别评估了患者的总体病情进展，并且把患者分为几类：没有变化的、每三个月实验期结束时有不同程度改善的，以及每三个月实验期结束时有不同程度恶化的。我们俩的评估只在一两个患者的“改变程度”上出现了差异，但是对于患者报告的病情是“改善”“恶化”还是“没有变化”，我们没有任何分歧。完成这次临床评估之后，我们才去看患者是接受了低碳水饮食疗法还是传统饮食疗法。

总之，实验结果非常清晰明了。参加我们实验的 41 名患者中，有 2 人报告说“接受了低碳水饮食之后消化不良更严重了”，有 11 人报告说“接受这两种饮食没有什么不同”，但其余大多数患者——28 人——报告说“接受低碳水饮食的时候，消化不良得到了很大改善”。其中有些人还非常肯定地说，效果实在太好，这世上已经没有什么能让他们放弃低碳水饮食了。有一位患者说：“我觉得自己比过去五年好多了。”还有更加热情的，说“我这辈子都没觉得胃里这么舒服过”。参加实验的患者中有男性也有女性，有的人患有胃溃疡或者十二指肠溃疡，有的人患有食管裂孔疝[1]，还有一些患者可能也都有溃疡，只不过因为溃疡很难通过 X 光检查发现，他们自己不知道罢了。

看到这样的结果，我们当然非常高兴。这说明，各种原因导致的慢性和严重消化不良，只需要通过调整饮食，就能改善大约 70% 患者的症状。过去几年中，人们对于传统饮食疗法的治疗效果越来越感到失望，正因如此，我们认为这个实验结果尤其令人欣慰。有些研究者曾经会让患者遵守严格的“养胃饮食”，每天就是蒸鱼、白肉、土豆泥、牛奶布丁之类的，或者是让患者采用条件相对宽松但仍然属于传统疗法的饮食模式。所有这些研究人员得出的结论都是：无论患者是否明确患有溃疡，这些饮食方法似乎都不能缓解严重消化不良的症状。“饮食无法缓解严

---

[1] 食管裂孔疝（*hiatus hernia*）指食管末段和胃底通过膈的食管裂孔上移至胸腔。最常见的症状为胸骨后烧灼感和反胃，卧位及饭后加重。释义来源：《实用医学词典》，谢启文、于洪昭主编，第 2 版，北京：人民卫生出版社，2008 年，第 692 页。

重消化不良”这样的话，现在可不能随便说了，因为如果你吃对了，是可以缓解的。当然，如果吃得不对，毫无疑问，就是不能缓解。

我们在研究中采用的低碳水化合物饮食，既限制了淀粉也限制了糖。不过，基于各种原因，我们怀疑实验中观察到的种种改善，主要都是因为减少了糖。因此，我们又进行了实验，专门观察正常饮食中糖的作用。我们邀请了一些年轻人参与实验，并且说服了其中 7 位受试者接受插胃管。在为期两周的高糖饮食开始前一天，和结束实验的第二天，7 位受试者早上起来的第一件事就是插胃管。通过胃管我们获得了早晨受试者的胃处于休息状态时的胃液样本，接着，受试者会吃下温和的“测试餐”（主要是果胶），之后每十五分钟采集一次胃液样本。我们使用标准方法分析了每份样本，最主要的是监测胃液的酸度和消化活动。

结果表明，两周的高糖饮食会导致胃液酸度升高和消化活动增加，而胃溃疡或十二指肠溃疡患者身上就常常会出现这样的变化。高糖食品让胃液的酸度提升了大约 20%，让酶的活性提高了近三倍。请记住一点，这些影响都是在早餐前做实验看到的，换句话说，两周的高糖饮食使得胃黏膜对果胶这种非常温和的测试餐，表现出了更高的敏感度。

消化性溃疡

针对消化不良的实验之后不久，新药西咪替丁和雷尼替丁就正式用于治疗胃溃疡和十二指肠溃疡了。我们治疗过的 9 位消化不良患者中，有 6 位曾诊断出患有消化性溃疡，他们的症状也通过饮食得到了缓解和改善。今天，这样的药物能够及时有效地缓解患者的病痛，而且经过治疗之后，溃疡一般也会愈合。虽然之后还是有复发的可能，但继续吃药还是很可能会康复的。也正因如此，在治疗溃疡疾病时，严格饮食疗法的使用频率已经大大降低了。

不过，长期的药物治疗也有弊端。虽说西咪替丁和雷尼替丁（尤其是雷尼替丁）都不太可能产生副作用，但有些时候，副作用是无法避免的。而且现在越来越多的医生和患者，尤其是患者，也不愿意接受可能会无期限持续的药物治疗了，即便是有停药间隔也不愿意。我个人认为，在使用药物治疗之前，应该鼓励患者先尝试一下低碳水化合物饮食。

已经有研究表明，十二指肠溃疡患者的葡萄糖耐受性会降低，血液中的胰岛素水平也会提升——二者都是高糖饮食（会）带来的影响。

食管裂孔疝

在低碳水饮食疗法能够改善的消化不良类疾病中，收效最明显的可能就是食管裂孔疝了。了解这种疾病需要有点想象力。想象食道穿过横膈膜，离开胸腔进入腹腔，然后和胃连在一起。如果在食道经过的横膈膜区域存在一个薄弱点，那么一旦腹部承受压力——不论是出于什么原因导致的压力——都有可能把原本应该在腹腔里的一部分食道，以及食道与胃部相连的部分，推回到横膈膜的薄弱区域。最常见的症状是饭后出现的胃灼热——一种胃里过分饱胀的感觉，常常伴有剧痛。因为吃下去的食物在这种情况下很难进入、通过胃部，一些胃里的东西可能会返回食道。胃酸刺激食道，就会导致所谓的“反流性食管炎”。疼痛主要出现在晚上，这时如果患者坐起身来，疼痛就会大大减轻。

通常建议患者采取的治疗方法包括：每餐少吃点，吃无刺激性的食物（比如之前提到的养胃饮食）；每天的最后一餐尽量早点吃，别等到睡前再吃；尽量避免弯腰、抬、举的动作，或者过度用力，并且应该减掉多余的体重；**抱着枕头睡觉也可以避免胃痛**。

以上建议大多数都值得采纳。不过，我们的研究显示，遵循一种严格限制碳水化合物，（几乎）完全戒糖的饮食方式，是一种更好的选择。很多患者都反馈，采用这种饮食之后，他们第一次发现自己的症状得到了明显缓解。

胆结石

还有一种基础病会表现出消化不良的症状，那就是胆结石。胆结石患者的胆囊里常常会产生很多结石，这些结石几乎都含有高浓度的胆固醇，在胆囊里引发炎症或者胆囊炎。据说 20% 左右的成年人都有胆结石，女性比男性的比例还更高些，但其中有大约一半从未表现出任何症状。然而，根据最新版的一本医学书籍，“在富裕国家，有症状的胆结石发病率似乎在增加，而且发病越来越早”。

调查研究发现，有症状的胆结石患者往往还会伴随一两个额外的特征，包括二型糖尿病、食管裂孔疝、血液中甘油三酯和胰岛素水平升高，以及肥胖。举个例子，平均而言，有症状的胆结石患者比没有症状的人重 5.5 千克。所有这些再一次让人想到，我们面对的，是一种可能与饮食中的糖有关的疾病。在我们的低碳水饮食实验中，有一位患者的消化不良症状，根据医生诊断是由胆结石引起的，但在采取低碳水饮食之后，也得到了显著改善——这更加证实了我们的猜想。这还让我们产生了更进一步的想法，也许原本就都是她平常的高糖饮食导致了胆结石和消化不良。

我们完成这项研究之后，一些新西兰的研究人员报告说，他们发现和同年龄、同性别、同职业但没有患胆结石的人相比，胆结石患者吃糖更多，血液中胰岛素水平也更高。他们的研究包含了 124 名男性和 219 名女性胆结石患者，对照组分别是 111 名正常男性和 211 名正常女性。结果显示，不论男女，胆结石患者都比对照组吃糖更多，主要是通过饮料和糖果摄入。研究人员计算得出，每天多吃 40 克糖就能让患胆结石的风险增加一倍多。还记得 40 克糖是多少吗？相当于每天三到四杯茶或者咖啡，每杯加两勺糖。

还有其他研究人员发现，饮食中的糖可以在仓鼠和狗身上诱发胆结石。英国最新的研究表明，素食者比肉食者患胆结石的可能性要低一些。这可能是由于肉类中的某些物质促进了胆结石的形成，也可能是蔬菜中的某些物质阻止了胆结石的形成。但还有一种可能就是，一般而言，素食者吃的精制糖和含糖食物比较少，也很少喝含糖饮料。

克罗恩病

克罗恩病[1]是一种消化道疾病，大多发生在二十至四十岁之间。发病时的主要特征是腹泻和阵痛，疼痛严重的时候，就像是阑尾炎发作那样。克罗恩病可能会影响消化道的任何一个部位。没有人知道它的病因，目前也没有令人满意的治疗方法。患者有时甚至需要切除因疾病影响受损严重的那部分肠道。

英国布里斯托尔有一项研究，调查了一组最近被诊断为克罗恩病的患者，一共 30 位，并询问了他们患病前的日常饮食。随后，研究人员又调查了另一组 30 位年龄、性别和社会阶层相似的健康人士的日常饮食，以进行比较。结果发现，克罗恩病患组平均每天吃糖 122 克，而对照组只吃 65 克；克罗恩病患组平均每天吃 17.3 克膳食纤维，只略低于对照组的 19.2 克。除此之外，病患组和对照组的饮食基本相同。

布里斯托尔的医生随后建议患者遵循高纤维低糖的饮食，并持续追踪这些患者的反馈，大约每位患者平均追踪

---

[1] 克罗恩病（Crohn’s Disease）又称局限性回肠炎、节段性肠炎，是一种原因不明的慢性肉芽肿性疾病。临床表现多样，青壮年多发。此病起病缓慢，有腹痛、腹泻、中低度发热、腹部包块、少量便血等，急重症有高热、寒战等毒血症状。其他表现有恶心、呕吐、消瘦、贫血等。释义来源：《实用医学词典》，谢启文、于洪昭主编，第 2 版，北京：人民卫生出版社，2008 年，第 438 页。

了五十二个月。之后，医生们用收集到的数据，与另一组仔细筛选出的，多年前曾来过同一间诊所就医的患者的饮食和反馈追踪记录进行了对比。

结果显示，在五十二个月的研究期间，新入院采用新饮食疗法的患者，平均住院天数为 111 天；而之前未采用新饮食疗法的患者，平均要住院 533 天。采用新饮食疗法的患者，饮食中的糖已经减少到了每天 30 克；而之前未采用新饮食疗法的患者，每天是 90 克。

一项在意大利针对 109 名克罗恩病患者的类似研究也证实了这些发现。这项研究计算得出，高糖饮食会使患克罗恩病的风险增加两倍半。

意大利的医生还研究了溃疡性结肠炎患者的饮食状况。这种疾病和克罗恩病有一些相似之处，不过它只会影响大肠（结肠部分），肠内也会出现溃疡，但不会收窄。这些症状都有可能发展到很严重的程度，有时甚至会导致穿孔。溃疡性结肠炎的主要症状是严重的腹泻，伴有出血，有时大便还会带脓。患者其实很难区分自己是溃疡性结肠炎还是克罗恩病。意大利的这项研究涉及 124 名患者。通过检查患者的饮食，研究人员计算出，与低糖饮食相比，高糖饮食者患溃疡性结肠炎的概率增加了两倍半。

第十七章
吃糖还能得啥病

我想再多聊一些看起来不相关的基础病。有不同强度的证据表明，这些病可能也跟糖有关系。

眼睛受损

长期以来，眼科医生一直在研究“饮食营养是否会影响眼睛的发育，进而导致远视或者近视”这个问题。有些人认为，儿童时期如果缺乏蛋白质，就有可能诱发近视。但是为这个结论提供依据的研究，并没有得到专业人士的认可，所以到现在也没有人支持这个观点。我的一位同事与眼科医生合作，通过大鼠实验来研究这个问题。他们也没有发现饮食中只是单纯缺乏蛋白质会有任何影响。

于是他们继续研究了低蛋白质高糖饮食的健康影响——这种饮食方式在世界上贫困地区的大城市里越来越

流行。其中一项实验，他们分别用低蛋白质含糖或者低蛋白质不含糖的食物喂养大鼠，持续六至七个月后，两组大鼠的生长情况都比吃正常高蛋白质饮食的大鼠差。研究人员发现，正常饮食的大鼠和低蛋白质高淀粉饮食大鼠的眼睛屈光状态没有显著差异，但与它们相比，低蛋白质高糖饮食的大鼠出现了相当程度的近视，达到了 1 度屈光度。

第二次实验中，大鼠被分成了三组：一组正常饮食；第二组低蛋白质含糖饮食；第三组也是正常饮食结构，但是会限制总热量，让这一组大鼠的生长速度和第二组大鼠保持一致。九周之后，三组大鼠的眼睛屈光度没有表现出差异，但是到第十五周时，与正常组和热量控制组相比，含糖饮食组的大鼠又出现了近视，依然是大约 1 度屈光度。

从第十五周开始，第二组和第三组的饮食模式互换。实验得出的第一个结果是，原来的热量限制组大鼠虽然在改变饮食之前视力正常，但在开始吃糖之后仅仅三周就出现了近视；第二个结果是，原先第二组已经近视的大鼠，在接下来的二十三周时间里，视力也没有出现任何改变。

我们还有一项实验的研究对象是学生。在实验中，我们测量了学生志愿者的眼睛屈光度。按照惯例，在开始高糖饮食之前和结束高糖饮食之后，我们都对受试者进行了仔细检查，测量了各种指征参数。经过两周的高糖饮食之后，受试者的眼睛屈光度发生了微小但是相当显著的变化，不过这次的变化是远视而不是近视。

我们目前认为，这样的变化与血糖水平有关。在医学界早就明确的一个事实是，如果糖尿病患者的血糖水平没有得到控制，一直保持在过高的水平，他们就会出现轻微但是明显的近视。我们认为，这可能是大鼠在长时间高糖饮食后发生近视的原因。我们知道长期高糖饮食的大鼠会患上轻度糖尿病，并且会伴有高血糖，而低蛋白质的饮食可能会加重这种情况。在我们的学生实验中，持续两周的高糖饮食往往会导致出现低血糖（原因我在前文论述过），所以受试者会出现远视而不是近视。

我在第十五章提到过，糖尿病患者的视网膜会发生严重病变。当时我还指出，用糖喂养的大鼠也会出现同样的变化。

牙齿受损

每年，在西方国家都有无数的儿童找牙医拔牙，一年能拔掉几百万颗牙。在英国，这个数字是四百万，所有牙齿的重量加起来超过了四吨。在苏格兰邓迪市的一项调查显示，十三岁的青少年男女平均每人有 10 颗龋齿。

化石证据表明，我们现在叫作“龋齿”的这种牙齿健康问题，在史前时期几乎没有出现过。那时还没有农业，人类饮食中谷物之类的高淀粉食物也不多。蛀牙和龋齿都是最近才流行起来的。毫无疑问，这种情况与我们饮食中越来越多的糖有密不可分的关系。

要了解龋齿是怎么发生的，我们首先需要知道一些关于牙齿构造的知识。牙齿的主体是牙本质，一种坚硬的骨骼；牙本质的最外层覆盖着一层薄薄的珐琅质，这是人体中最坚硬的组织；牙本质的内部是柔软的牙髓，它的功能是形成牙本质；而牙髓的内部则是血管和高度敏感的神经末梢——有过牙痛经历或者看过牙医的人肯定知道这个。

龋齿是从黏附在牙齿表面的斑块物质开始的，尤其是牙齿表面的裂缝和缝隙中的那些斑块。这种斑块是一层由蛋白质和碳水化合物组成的物质，可以继续黏附食物颗粒、唾液和无数细菌。

目前的证据表明，龋齿的过程是由牙斑中的细菌，尤其是变形链球菌产生的酸引起的。当牙斑附着到牙齿表面时，其中的细菌就会产生这种酸。口腔中的唾液无法冲走这种酸，所以它会逐渐侵蚀牙本质，直到敏感的牙髓暴露出来。牙斑中不断积累的某种碳水化合物，可以促进酸的分泌产生。

产酸细菌在牙斑中最喜欢的物质，似乎是一种名为“葡聚糖”（dextran）的复杂碳水化合物。细菌（主要是链球菌）可以分解任何糖类来生成葡聚糖，但更常见的原材料是蔗糖。

有些人不那么容易患上龋齿。一部分原因是他们似乎遗传了比一般人更高的龋齿抵抗力；一部分原因是他们居住地的饮用水中含有足量的氟化物，对牙齿起到了保护作用；也有一部分原因是他们经常刷牙；但最主要的原因，是他们在日常饮食中不会让牙齿长时间和糖接触。关于龋齿的流行病学证据，也包括我之前总结的关于史前原始人的证据。总的来说，碳水化合物是最近才出现在人类饮食中的食材。最早提及糖和龋齿之间关系的可能是一位德国的旅行家——1598 年，他是这么评价英国伊丽莎白女王那一口黑牙的："（一种）似乎是由于英国人吃太多糖而造成的缺陷"。更早的时候，亚里士多德曾经说过无花果会损坏牙齿，但他当然不知道，无花果的甜味很大程度上来自"蔗糖"，而这种"蔗糖"，和后来从甘蔗中提取的、损坏伊丽莎白女王牙齿的糖果中的"蔗糖"，是一样的。

从数据来看，龋齿成为富裕国家的一大"祸害"，主要是二十世纪发生的事。1965 年，英国全国接受修补的牙齿数量是 2600 万颗，到 1983 年，这个数字增长到 4000 万颗。在美国，最新的数据是 1980 年，十七岁的青少年平均每人有 6 颗龋齿。1981 年，挪威十六岁青少年平均每人有 16 颗牙有龋齿面。1980 年，新西兰的小学生平均每人曾经补过 1.5 颗牙。据说，德国十五岁以上的青少年只有 0.1% 的人没有龋齿——相当于千分之一的比例。

近年来，英国儿童龋齿的数量有所下降。这可能是因为在越来越多的地区，饮用水经过了氟化处理，越来越多的人开始使用含氟牙膏。或许保护牙齿的宣传活动也多少起到了点作用。尽管如此，到 1983 年，英国十五岁的青少年平均每人有 5 颗以上的龋齿、缺牙或是补过的牙齿。特别值得注意的是，龋齿的减少只发生在工业化国家，而龋齿发生率在发展中国家的急速增长，被世界卫生组织描述为“绝对令人恐惧”的趋势。

虽说近期龋齿发生率下降主要是因为氟化物，但如果想要彻底消除龋齿，光靠氟化物是不行的。还需要做的，是说服人们（尤其是孩子们）不要吃含糖食品，尤其是糖果和巧克力这类容易黏在牙齿上的东西。理想情况下，这一点应该纳入我们的营养教育计划才对。但是通识类营养教育的问题，并不像看起来那么容易解决。从很久之前，我和同事们就越来越意识到，不仅需要向人们传授有关营养的知识，还需要教会他们运用这些知识。简单来说，公共营养教育的目的不只是提高营养知识储备，更需要改善人们与营养有关的行为。

我们开展的一小部分研究可以很好地说明这一点。在伦敦我们进行了一次调查，向大约 100 位母亲提了关于健康饮食的一些问题，其中一个问题是：“孩子们出现龋齿的主要原因是什么？”超过 90% 的母亲回答说，是因为孩子们吃糖。虽然心知肚明，但这并不妨碍母亲继续给孩子买糖。因此，当受邀在纽卡斯尔牙科学校做年度主题演讲时，我选择了“龋齿是可以预防的：但为什么我们不去预防？”这个主题，跟大家讨论了公共营养教育的问题。我特别指出的一点是，大家都知道，龋齿主要是因为吃了黏糊糊又甜滋滋的糖果、蛋糕和饼干，但知道归知道，孩子们还是会继续买这些甜食，大人们也不会把递甜食给孩子的手收回来。

这篇演讲发表在《英国牙科杂志》上，结果收到了当时在伦敦皇家外科学院从事牙科研究的科恩教授愤怒的来信。“牙齿上的洞是由产酸细菌造成的”，而我在演讲中没有指出这一点，他觉得很可笑。他在信中写道：“龋齿不是糖引起的，而是以糖为生的细菌！除非有一天接受了这个认识，否则就只会努力宣传几乎没有病人会去实践的‘戒糖’，而不愿意想出办法来对付感染。”科恩教授当时正在开展一项研究，想看看是不是有可能制造出一种疫苗，来对付口腔中引起龋齿的变形链球菌“感染”。他的研究用猴子做实验，首先在猴子身上诱发龋齿，然后给一半（有龋齿）的猴子注射疫苗，测试疫苗的有效性。演讲之后不久我去拜访了他的实验室。我想我不需要告诉你们猴子的龋齿是如何诱发的。你们一定猜到了，是的，就是让猴子吃很多黏糊糊的糖果。

我在纽卡斯尔的演讲是在 1969 年，当时我的孙子大概十八个月大，又过了几个月我的孙女也出生了。虽然没有接种抗变形链球菌的疫苗，不过，他们在吃糖果和巧克力方面一直很谨慎。我的孙子分别在十六岁和十八岁时补过一颗牙齿，而我的孙女从来没有补过牙。在第八章我也提到过，我的孙子在三岁的时候就因为太甜而拒绝吃自己的生日蛋糕了。

然而这些观察并不能证明糖是引发龋齿的原因。我之前已经明确指出，不同人群中疾病与饮食之间的关系，只能作为我们进一步研究疾病致因的线索。接下来我们应该去看看，是不是在任何一个人群中，有龋齿的个体都是那些吃糖很多的人。奇怪的是，这类研究还真没几个。前面我提到过，苏格兰邓迪市的牙医分别在 1960 年、1961 年和 1962 年检查过十三岁青少年的牙齿，既有男孩也有女孩。他们发现，吃甜食更多的青少年龋齿数量也更多。但出乎意料的是，他们发现经常刷牙的人和不经常刷牙的人，在龋齿发生率上没有区别。

1967 年我们也进行了一项针对儿童的研究，规模没有邓迪市的那么大。研究结果也表明，通过固体食物吃掉更多糖分的儿童（也就是说他们吃了更多糖果、饼干之类的甜食），龋齿的数量也更多。但是我们也发现，糖和龋齿之间的强相关只出现在不经常刷牙的孩子身上。经常清洁牙齿的孩子，即使吃了很多含糖食物，也很少有龋齿。

为了研究饮食变化对牙齿的影响，人们做了许多实验，尤其是动物实验。通常而言，不同实验使用的动物、饮食成分的精确性、饲喂方式以及实验持续时间都存在差异，因此结果的准确性也各不相同。尽管如此，（这些实验的）结果似乎都表明，如果饮食中没有碳水化合物，那么几乎不会出现龋齿。包含淀粉或者面包（黑面包或白面包）的饮食，造成的龋齿发生率要么大致一样，要么淀粉组比面包组稍高一点。但包含任何一种糖的饮食，造成的龋齿发生率都会更高，而最“致龋”的糖是蔗糖。

关于糖和龋齿的关系，最著名的儿童实验是 1950 年英国医学研究理事会进行的实验，以及几年之后在瑞典维普霍尔姆镇进行的实验。第一项研究为期两年，结果表明，在用餐时添加糖不会增加儿童的龋齿数量。第二项研究为期四年，比较了不同的吃糖方式，结果发现，在用餐时吃糖很少会导致龋齿，但如果是在两餐之间吃糖果，尤其是吃黏牙的太妃糖，龋齿的发生率要高得多。很显然，这其中最关键的是糖是否与牙齿保持了一段时间的接触。在两餐之间吃的黏糊糊的糖果、蛋糕和饼干，都是导致龋齿的罪魁祸首，尤其是吃完之后不好好刷牙，使得残留物一直附着在牙齿上。

人们对蔓延性龋[1]问题的关注也与日俱增。似乎有越来越多的人开始给自家宝宝用一种内部中空可以放糖的安抚奶嘴。还有的父母给宝宝的是普通奶嘴，但时不时就先蘸点糖再给孩子用。这两种做法都会让孩子直接长出一口烂牙，到两三岁的时候，孩子的牙齿甚至会烂到牙根处。一项调查显示，每 12 个婴儿中就有 1 个患有蔓延性龋，而另一项调查得出的数字是八分之一。

在所有关于“糖在龋齿过程中所起作用”的研究中，最有趣、最出乎意料的观察，来自一项针对一种罕见疾病的研究。这种疾病叫作“遗传性果糖耐受不良”[2]，目前只在少数家庭的一些成员中发现，患者只要吃了果糖或者蔗糖，就会病得很严重。你应该还记得吧，蔗糖是一种由等量葡萄糖和果糖构成的化合物。

患这种遗传性疾病的患者，从很小的时候就开始不吃水果，不吃任何含蔗糖的食物。淀粉类食物可以吃，因为

---

[1] 蔓延性龋（rampant caries）指快速进行性和广泛扩展的牙龋，尤其是位于牙颈部的。释义来源：《朗文医学大辞典》，（美）鲁思·柯尼希斯贝格主编、蒋琳主译，北京：人民卫生出版社，2000 年，第 229 页。

[2] 遗传性果糖耐受不良（hereditary fructose intolerance）是由于缺乏从肝脏来的 1- 磷酸盐醛缩酶所致的一种少见的遗传性代谢紊乱。此种紊乱可导致数种碳水化合物代谢紊乱，包括糖原分解紊乱，结果可造成严重的低血糖症。当蔗糖或果糖进入患儿的食物之后，便会出现包括呕吐、出汗和惊厥等症状。如果给患儿以葡萄糖，则症状消失。吃水果或用蔗糖加工的食物可诱发急性症状。症状是可逆的，只要在饮食中排除果糖，症状完全可以预防。释义来源：同上，第 730 页。

淀粉消化之后是葡萄糖。他们也会吃很多白面包——虽说大家都把白面称为“精制面粉”，但即便如此，他们的龋齿很少，程度也很轻。

也许有一天，我们可以让孩子们对致龋的细菌产生免疫。尽管以“龋齿免疫力”为目标而开展的研究已经进行了将近二十年，但是迄今都没有生产出任何一种可以投入使用的疫苗。

皮肤受损

在医院调查患者的糖摄入量情况时，我主要对冠状动脉性心脏病患者感兴趣。但我突然想到，看看其他几种基础病患者日常会吃掉多少糖，应该也会很有意思。比方说，在青少年中很常见的痤疮或者粉刺，医生们认为这种疾病是吃糖引起的，或者至少会因为吃糖而加剧。

我们调查了这些患者吃糖的情况，并且和同年龄、同性别但是没有痤疮的人进行了比较。我们还决定去研究另一种叫作“脂溢性皮炎”的常见皮肤疾病，但其实医生们已经把这种疾病和饮食联系在一起了。原因在于，这种疾病与皮肤上的一种腺体有关，这种腺体可以分泌出叫作“皮脂”的油性物质。有证据表明，富含糖分的饮食会干扰皮脂分泌。所以我们也调查了脂溢性皮炎患者吃糖的情况，并且和同年龄、同性别但是没有患皮炎的人进行了比较。

结果发现，痤疮患者并没有比对照组吃更多的糖，但患有脂溢性皮炎的患者明显吃了更多的糖。

这意味着，糖与痤疮的发生无关，但是可能与脂溢性皮炎的发生有关。我们可以把这个结论引申为，痤疮患者即使少吃点糖也不太可能好转，当然这也有可能是因为他们本身对糖非常敏感。可能他们长痤疮的一部分原因就是吃糖，如果真是这样的话，虽说他们并没有比其他人多吃糖，但还是得再少吃点比较好。但是，其实并没有人真的做过严谨的对照实验，来检验减少糖摄入量是不是会让痤疮患者有所好转。

至于脂溢性皮炎，鉴于患者重度嗜糖这一事实，我们应该研究一下是不是可以通过低糖饮食让患者出现好转。虽然已有的结果看上去很有希望，但我们没能继续研究下去，只能寄希望于医学界的后来者了。

关节受损

医生们总是对痛风很感兴趣。关于痛风有一个很流行的观点，说它多发生在爱吃油腻食物或者爱喝酒的人身上。比如在英国，我们觉得只有退休以后每天都喝一瓶波特酒的老上校才会得痛风。现在的人们常常以为痛风很罕见，但其实并不是。痛风主要发生在中老年人身上，男性多于女性。

我之所以关注痛风患者的糖摄入量，原因其实是站不住脚的，这一点我必须承认。首先，动脉粥样硬化患者最常见的特征之一是血液中的尿酸水平升高，而所有痛风患者都会表现出这个特征。其次，在人类和一些动物中，高糖饮食会提高血液中尿酸的浓度。第三，痛风患者比其他人更容易患冠状动脉血栓疾病，反过来，冠状动脉性心脏病患者也更容易患痛风。

因此我们研究了两三个风湿病诊所的病人。我们的受试者可以分为三组：痛风患者；患有（痛风之外）其他风湿病和类风湿关节炎的患者；以及健康状况良好的正常人（对照组）。按照惯例，三组受试者的年龄和性别也是匹配的（排除了干扰因素）。

如我们所料，类风湿关节炎患者的糖摄入量和对照组相同，但痛风患者明显比对照组吃了更多的糖。按中位数计算，痛风患者每天吃 103 克糖，对照组只吃 54 克。

肝脏受损

肝脏是人体最活跃的器官。我们吃下去的所有食物和饮料，经过消化和吸收后，都会由血管直接到达肝脏。在那里，来自消化道的大静脉分裂成毛细血管，将营养物质输送给肝脏细胞。大部分形色各异的营养物质，都在肝脏细胞内完成化学转换，变成身体各个器官（包括肝脏自己）能够使用的物质。此外，肝脏还承担着一项重要任务，就是把食物中存在的，或者是代谢过程中产生的一些有害物质分解掉。由于以上种种原因，饮食中那些不利（身体健康的）物质在进入身体后，首先会影响到的器官之一就是肝脏。

同时，血液中激素浓度的变化也会间接影响肝脏活动。正如前文提到的，人体至少有三种激素的浓度会受到饮食中糖分的影响，因此我们对“糖导致肝脏发生的一系列变化”非常感兴趣。

在第十四章中我就提到过糖会导致肝脏增大，部分原因是肝脏细胞中不断累积了越来越多的脂肪。某些情况下，脂肪数量太多，会让肝脏呈现出一种淡黄色，就像氯仿（等物质）中毒或是酗酒的人体内时不时就会发现的“脂肪肝”一样。

我的同事们在研究肝脏增大时，想知道是肝脏细胞增大了，还是细胞数量增加了。结果显示，糖带来的影响二者兼有。虽然这或多或少是技术问题，但肝脏细胞数量的增加表明，其中一些细胞实际上发生了分裂，这意味着糖对肝脏的影响不仅仅是使得细胞增大那么简单。

最近，我们与伊丽莎白女王学院生物化学系的同事密切合作，更为详细地研究了糖对肝脏造成的影响。之所以开展这项研究，原因之一是 1949 年的一份报告称，除了酒精，糖也会导致肝脏纤维化[1]——在发展为肝硬化之前，肝脏上会增加“瘢痕组织”。得出这份报告的研究，是由查尔斯·贝斯特博士带领的科学家团队所做，他本人也是 1921 年发现胰岛素的科学家之一。其他研究人员重复了贝斯特博士的实验，并且得出了同样的结果。

在所有这些早期研究工作中，使用的实验饮食结构都相当特殊，而且缺乏一些特别的营养物质。这就是为什么伊丽莎白女王学院的同事们现在的研究主要是日常饮食的影响。我们使用的日常饮食结构没有任何明显的缺陷，唯一的不同就是在碳水化合物方面是否包含糖。肝纤维化会增加胶原蛋白的数量，在最近的实验中，我们使用了非常敏感的生化分析，以检测血液和肝脏中被身体用来构建胶原蛋白的化学成分。胶原蛋白在人体中有几种存在形式，在化学结构上略有不同，可以是人体细胞壁上的蛋白质，也可以是肌腱、软骨、骨骼和瘢痕中结缔组织的重要组成

[1] 纤维化（fibrosis）又称“纤维变性”，指的是胶原的沉积，通常以瘢痕的形式，但也可见于围绕实质细胞的间质组织，常发生在炎症愈合阶段而又不可能恢复正常解剖结构之时。释义来源：同上，第 537 页。

部分。我们的研究表明，在喂糖组大鼠的血液和肝脏中，这些化学成分的数量会明显增加，而且这种增加在肝纤维化能够被显微镜观测到之前，就已经存在了。在糖尿病大鼠和慢性酒精中毒导致肝硬化的人类受试者中，也发现了同样的情况。

糖和癌症有关系吗?

过去五六十年的时间里，有些癌症似乎在人群中变得越来越常见，而且富裕国家的患病人数比贫穷国家更多。如此一来，我认为有必要研究一下“死于这些癌症的人数和居民的糖摄入量”之间是否存在联系。

迎面而来的又是流行病学研究最常见的问题：有多少国家在记录人口的死亡原因？即使有这样的记录，如何确定不同国家（的医生）对于癌症的诊断一定是对的，或者，如何确定诊断标准是完全相同的？

有些类型的癌症很容易诊断，还有些癌症经常被误诊。正因如此，我们把主要精力放在了三到四种癌症上，医学专家们告诉我说，准确诊断这些癌症的可能性相当大。

关于不同国家平均糖摄入量与两三种特定癌症发病率之间的联系，目前的证据主要来自对国际统计数据的研究。**最有可能与吃糖相关的癌症，似乎是结肠癌和女性易患的乳腺癌**。这几种癌症在不同国家的致死率与平均糖摄入量密切相关。事实上，这种相关性和“糖摄入量或脂肪摄入量与冠状动脉性心脏病死亡率之间的关系”差不多。1977—1979 年间，关于六十五岁以上妇女乳腺癌死亡率的国际统计数据就是一个例子。根据数据，乳腺癌发病率最高的国家，由高到低依次是：英国、荷兰、爱尔兰、丹麦和加拿大；而糖摄入量最高的国家，由高到低依次是：英国、荷兰、爱尔兰、加拿大和丹麦。另一方面，乳腺癌死亡率最低的国家，由低到高依次是：日本、南斯拉夫、葡萄牙、西班牙和意大利；而糖摄入量最低的国家，由低到高依次是：日本、葡萄牙、西班牙、南斯拉夫和意大利。

过去十年中，人们发现乳腺癌的发生与女性的性激素，尤其是雌激素有关。在好几个不同国家开展的研究都能为这种相关性提供证据。有人认为，肠道癌症可能是由于血液中胰岛素浓度过高引起的。但是美国、夏威夷和英国的研究人员指出，就像乳腺癌一样，肠道癌症也可能与雌激素有关。再有就是，近些年来，年轻男性的睾丸癌发病率有所增加，有研究表明，这些患睾丸癌的年轻男性的母亲在孕期往往体重超标，血液中的雌激素水平也比正常值更高。

不管导致这些癌症的因素最终被证明是什么，一个不容忽视的事实是，吃很多糖会导致血液中胰岛素和雌激素浓度的升高。

还有人说，其他饮食成分也可能导致癌症，尤其是肠道癌症。其一是说缺乏膳食纤维引起的；其二是说吃过多饱和脂肪酸，缺乏不饱和脂肪酸而造成的。我之前已经解释过，为什么从演化的角度来看，膳食纤维——尤其是谷物中的膳食纤维，以及多不饱和脂肪酸（主要来自富含油脂的种子）不太可能在史前祖先的饮食中发挥太多作用。那时距离富贵病开始流行的现代，可是相当久远之前了。不仅如此，日本的肠道癌症发病率非常低，但是日本人可没比英国人多吃膳食纤维。而且，动物实验表明，往往是多不饱和脂肪酸会诱发癌症，而不是饱和脂肪酸。

糖与药物作用

关于糖，我想再补充一点——虽然还没人充分研究过这一点是不是有什么实际用处。大约十几年前，我的一些同事研究了饮食对药物作用是否有影响的问题。他们给两组大鼠服用了一种常见的镇静剂——戊巴比妥钠。两组大鼠的饮食略有不同，一组的碳水化合物是淀粉，另一组是糖。接着，他们记录了两组大鼠服药后的睡眠时间。结果显示，喂糖组大鼠的睡眠时间（平均 98 分钟）明显比淀粉组大鼠（平均 141 分钟）更短。

这个发现引发了一系列的问题。比方说，糖会不会降低戊巴比妥钠在人体和大鼠体内发挥的作用？如果糖真有这种降低药效的作用，那么其他食物成分是不是也有同样作用呢？是不是可以通过改变饮食，来刻意降低或是提高其他药物的作用呢？如果可以的话，怎样才能达到预期的影响呢？是在吃药之前一两天开始改变饮食里糖或者其他食物成分的含量，还是在吃药当天就可以？

很显然，在找到这些问题的答案之前，营养学家和药理学家还有很长的路要走。

糖与蛋白质

我们发现，含糖饮食有一个意想不到的影响，就是干扰身体对膳食蛋白质的利用。第一次注意到这一点，是在给大鼠喂食热量充足但蛋白质比例较低的食物时。当我们使用含有淀粉的正常食物喂大鼠时，他们的生长发育都很好；但是当我们用糖替换淀粉之后，大鼠的生长滞后了。经过仔细研究，我们发现糖会干扰身体对蛋白质的利用。正因如此，大鼠在生长过程中，体内的蛋白质不是持续积累的过程，而是在不断流失的。

我们会使用一种间接方法来测量蛋白质的利用率。首先测量饮食中的氮含量，因为几乎所有的氮元素都存在于膳食蛋白质中。然后，测量尿液中的氮含量——蛋白质在体内经过代谢之后的产物，是经由尿液排出体外的。如果饮食中的氮含量大于尿液中的氮含量，那就意味着身体保留了一些蛋白质，我们称之为“正氮平衡”；反之则意味着身体中的蛋白质正在流失，也就是说身体处于“负氮平衡”。

以下是我们大鼠实验的结果：

糖对蛋白质利用的影响

饮食	第一次实验	第二次实验	第三次实验
不含糖	+17	+17	+6
含糖	−2	−2	−6

这项针对动物的研究表明，蛋白质含量较低同时又含糖的饮食，可能会导致身体更缺乏蛋白质。如果饮食中含糖，那么特定数量的蛋白质在促进生长发育方面的作用，似乎就会被减弱。虽然没有直接证据表明，在大鼠和鸡身上做实验发现的情况也适用于生长发育期的人类儿童，但这种相互关系对于贫穷国家可能更有意义。

贫穷国家的一大特点是城市化的快速发展。在印度、泰国、南美洲、加纳和尼日利亚等国家和地区，大量人口从农村地区涌入大城市。这些城市新移民大多非常贫困，对他们而言，生活中最大的变化就发生在饮食上——蛋糕、饼干和软饮料等加工食品的增加，意味着他们吃的蛋白质比以前更少，但是糖却比以前更多了。如果糖对于儿童的影响和我们在动物实验里发现的类似，那么对于蛋白质缺乏越发频繁这个问题，“含糖与低蛋白质摄入的饮食”就是一个比“低蛋白质摄入的饮食”更好的解释。正是蛋白质缺乏导致了可怕的夸希奥科综合征[1]。这种疾病在发展中国家很常见，而且通常是致命的。

高糖往往是富裕国家饮食的一个特点，不过，富裕国家的饮食一般也更有可能提供足量的蛋白质和其他营养物质。有人提出了这样一个问题，如此高的糖摄入量是会起到促进发育的作用，还是延缓发育的作用？关于这个问题，我们将在下一章进行讨论。

糖生百病

好吧，百病可能有点夸张了，但也是一大堆各式各样的疾病，确切地说包括：癌症、龋齿、近视和远视、脂溢

---

[1] 夸希奥科综合征（Kwashiorkor）是在非洲最先发现的一种蛋白质缺乏性营养不良综合征，多发于六个月到两岁左右的小儿。患儿原营养状况尚可，断奶后因饮食中突然缺乏蛋白质或必需的氨基酸而发病。表现为食欲不振、发育迟缓、消瘦、水肿、头发稀少无光泽等。释义来源：《实用医学词典》，谢启文、于洪昭主编，第 2 版，北京：人民卫生出版社，2008 年，第 443 页。

性皮炎、痛风，以及冠状动脉性心脏病、糖尿病和各种消化疾病。有证据表明，患这些疾病的部分原因是吃了过量的糖。但并不是所有证据的可信度都一样。一方面，似乎每个人都确定糖在导致龋齿的过程中所起到的作用——饼干和糖果生产商除外；另一方面，目前还没有太多证据可以表明，吃糖更多的人更有可能患结肠癌或者乳腺癌。但是，关于糖对痛风、脂溢性皮炎、眼睛屈光不正，尤其是癌症发生过程中可能起到的作用，都值得医学界进一步研究——如果看到这里的你能同意这一点，我就很满足了。

第十八章 糖加速了我们的生命过程？加速了……死亡？

糖对生长发育的影响

实验室里用动物做饮食测试，都会定期给这些动物称重，一般是每周一次。因此，几乎每一位研究过吃糖对健康影响的科学家，都有糖影响动物体重变化（增重或者减重）速度的数据信息。有的实验也会测量动物吃了多少食物——这样一来，研究人员就可以证明动物利用食物的效率是不同的。比方说，饮食不同的两组动物吃下去的食物总量相同，但是其中一组动物的体重增加比另一组要少。虽然没有那么常见，但在有的实验中，研究人员不光会测量动物的体重，还会测量它们身体的成分构成。比如，在实验结束后通过测量动物体内的脂肪量和肌肉量，研究人员就有可能发现，虽然两种不同的饮食带来的体重增加在数量上是一样的，但是增加的这部分体重是脂肪还是肌肉，二者比例如何，不同的饮食可能会带来完全不一样的结果。

大部分研究人员都曾经报告说，在高糖饮食下，大鼠幼崽、小鸡崽和小猪崽的体重增长都会变得缓慢。当测量动物吃掉的食物时，他们发现，吃糖组的动物每吃下100克食物，体重的增幅（比对照组）更小。研究人员在测量了实验动物身体的成分之后，发现（吃糖组）动物体内的脂肪有时候更多有时候更少。

还有一些例子。在一项用雄性大鼠做实验的研究中，研究人员把大鼠从六周喂养到六个月大。数据显示，在幼鼠发育需要长身体的阶段，无糖组大鼠的体重增加了410克，而喂糖组大鼠的体重增幅只有大约380克。如果大鼠的饮食中蛋白质含量也很低，那么最终的体重增幅差异更大——无糖组大鼠的体重增加了320克，而喂糖组大鼠的体重增幅只有270克。正如我在上一章提到的，出现这样的结果主要是因为糖降低了身体对膳食蛋白质的利用率。更早之前，美国有一项实验用的动物是鸡，研究人员发现，如果饮食中蛋白质供应很充足，那么糖对于动物的体重增长没有影响；但如果饮食中缺乏蛋白质，那么动物的体重增长就会变缓。

不过，也有人提出：在蛋白质供应充足的富裕国家，饮食中糖含量的增长是不是会助力（儿童）生长发育？在瑞士的欧根·齐格勒博士看来，答案是肯定的。他也是这个答案最积极、最狂热的支持者。齐格勒博士发表了若干文章，列举了许多国家婴儿出生时的体重数据、儿童的身高和体重数据，以及成年人的身高和体重数据，用非常详细的内容对自己的观点进行了不遗余力的论证。根据齐格勒博士在文章中引用的信息，这些数据和人们饮食中糖的摄入量密切相关。我列举一些他用过的例子。在瑞士巴塞尔，1900—1960 年间，除了两次世界大战期间略有下降外，新生婴儿的体重从平均 3.1 千克增长到 3.3 千克。这一变化和糖摄入量的变化趋势是平行的。1920—1950 年，除了“二战”那段时间，挪威奥斯陆八至十四岁女孩的身高一直在增长，其中十四岁女孩的身高增长超过 10 厘米。同样，身高变化和糖摄入量的变化趋势是平行的。还是在挪威，1835—1870 年间，成年男性的身高增长了 1.9 厘米；而在 1870—1930 年间，成年男性的身高又增长了 3.8 厘米。（挪威居民的）年均糖摄入量，从 1835 年的 1 千克上升到 1875 年的 4.9 千克，到 1937 年又增长到了 30.4 千克。目前的年均糖摄入量超过 40 千克，也就是说，在一百五十年的时间里增长了三十九倍。

写到这里，我只提到了糖对于儿童身高和体重增长变化的影响，以及对于实验动物体重增加的影响。在分析实验动物的身体时，常常还会发现体内脂肪量的变化，同时也会发现一些器官在大小和成分构成上的变化。在我们用大鼠进行的实验中，通常会观察到，大鼠的体脂含量会出现一定程度的下降。其中一项实验显示，在大鼠的干体重里，脂肪的比例从 35% 降低到 30%。另一方面，也有研究人员在动物实验中观察到了体脂量增加的情况——比如用狒狒做的实验。这种减少和增加，可能并不存在真正的矛盾。我们有理由相信，糖的具体影响取决于研究中使用的动物种类，有时甚至取决于特定的品系，比如说大鼠。此外，研究时动物开始吃糖的年龄、动物性别、实验时长等，也都会影响结果。

糖对青春期的影响

国家是否富裕的特征之一，就是本国婴幼儿的营养状况。过去人们在大城市常常看到孩子们忍饥挨饿、精神不振、身体虚弱之类的状况，这些因为营养不良而出现的问题，在今天的富裕国家已经不复存在了。相反，肥胖儿童的数量变得越来越可观，许多孩子甚至在不到一岁的时候就开始肥胖，之后的数年里都在与肥胖做斗争。

超重的婴儿和孩子有一个特点，就是他们的身高也会加速增长，而且往往会早熟。尽管没有太多可用的数据，但人们普遍认为，用奶粉（奶瓶）喂养的婴儿比母乳喂养的婴儿更容易肥胖。英国医学杂志《柳叶刀》上发表的一篇论文认为，这可能是因为（母乳喂养的婴儿）会更早开始混合喂养，尤其是更早把谷物添加到饮食中。婴幼儿在刚开始吃谷物的时候，家长也常常会往里加糖，其他食物作为辅食添加到婴幼儿饮食中的时候，父母也会加点糖进去，甚至在鸡蛋、肉泥和蔬菜泥里也加糖。现在很多罐装婴儿食品也含有添加糖，比如最常见的布丁、糖果，还有其他许多可口的食物。不过，有越来越多的食品制造商至少已经在推出一些无糖的婴儿食品了，这一点值得高兴。

所有这些都表明，糖在导致儿童肥胖方面可能也发挥了某些作用。但是现在有证据表明，（除了导致肥胖，）糖还可能对儿童产生其他影响。在二十世纪，人类的生理活动发生了一些非常显著的变化，其中一个就是儿童进入青春期的年龄提前了。和男孩相比，女孩的青春期更容易确定，也就是她们月经初潮到来的那天，所以关于青春期这个问题，女孩的数据更多一些。但也确实有研究表明，男孩的青春期也提前了。

简而言之，孩子们进入青春期的年龄每过十年都会（比上一个十年）提前三到四个月。在过去一百三十年里，挪威女孩进入青春期的平均年龄从十七岁提前到了十三岁，整整提前了四年。在瑞典、英国和美国也能看到同样的变化趋势。1905年，美国女孩进入青春期的平均年龄是十四岁零三个月；今天，大约是十二岁左右。顺便提一下，认为“热带国家青春期开始的时间更早”是完全错误的，事实上，其比温带气候下更富裕的国家要晚得多。

对早熟这个问题，通常的解释是富裕国家儿童的营养供给充足，在儿童时期也更少遭受传染病和其他疾病的侵害。但是齐格勒博士引用大量的数据表明，**早熟的主要原因是饮食结构中大幅度增加的糖**。在他看来，糖可以加速孩子们生长发育的过程，而早熟也是这种加速的表现之一。虽然齐格勒博士没有实验数据，但关于“糖可能会影响激素分泌”这一点，他提出了一个非常合理的解释。我稍后会展开讨论。

在我们自己的实验中观察到三个现象，能够支持“糖导致青春期提前”的观点。用含糖饲料喂养公鸡时我们注意到，它们的鸡冠变红和变大的时间比（饲料不含糖的）对照组公鸡更早。在其中一项实验的最后，我们发现，用含糖饲料喂养的公鸡的睾丸明显更大。用猪做实验时，我们观察到喂糖组的猪在性方面更为活跃，它们在猪圈里频繁做出尝试交配的行为。大鼠实验中，我们发现糖会明显地导致肾上腺增大，而肾上腺的功能之一就是分泌能够影响性发育的激素。

加拿大的谢弗博士发表的一份报告，也印证了齐格勒博士的发现。这项研究特别有趣的一点在于，它表明生活在加拿大北部的因纽特人的饮食中，糖的含量出现了大幅增长。谢弗博士研究了生活在三个不同地区的因纽特人，测量了他们出生时的体重，以及不同年龄段成年人和儿童的身高和体重。过去八年的时间里，第一个地区的平均糖摄入量从每年 11 千克增长到 47 千克，第二个地区从 37 千克增长到 50 千克，而第三个地区从 20 千克增长到 27 千克。在所有三个地区，新生儿体重在过去八年间也都有所增加——糖摄入量增幅最小的地区，新生儿体重的增幅也很小，而在其他两个糖摄入量增幅更大的地区，新生儿体重增加的幅度在 226 克到 450 克之间。

人们通常认为，加速的儿童生长发育，尤其是提前的青春期，原因都在于现在的营养状况得到了改善，特别是饮食中的蛋白质增加了。比如，对于“二战”后日本学龄儿童生长发育显著增长的现象，人们就是这样解释的。然而事实上，虽然现在的饮食中动物蛋白的含量确实增加了一倍，但是蛋白质总量仅仅增加了 10%。而且，也没有什么证据表明 1946 年的儿童缺乏蛋白质。

谢弗博士的研究期间，因纽特人每天吃的蛋白质还从 300 克降低到了 100 克，考虑到这一点，蛋白质发挥的作用就更小了。齐格勒博士曾经研究过的人群还有冰岛人，他们饮食中的蛋白质也出现了大幅度下降。另一方面，日本人、因纽特人和冰岛人这三个研究案例中，伴随糖摄入量大幅增长的，还有经济增长的加速。

糖对寿命的影响

我们的大多数动物实验都是在较短时间里完成的，实验开始时动物的月龄也都很小，通常只有几周大。因此，说起不同饮食对大鼠、公鸡、猪或者兔子等的寿命的影响，我们几乎没有任何经验。不过，我们也确实进行过一个持续时间很长的实验。实验伊始，我们选择了 28 只一月龄的大鼠，分为两组，每组 14 只。其中一组的饮食不含糖（淀粉组），另外一组吃含糖饲料（喂糖组）。两年[1]后，淀粉组有 8 只大鼠还活着，而喂糖组只剩下 3 只大鼠。

有另外两组研究人员进行过更细致的研究。在荷兰，研究人员用一种类似荷兰平均饮食构成的食物喂养大鼠，然后和（用标准食物饲喂的）对照组大鼠进行了比较。需要补充的是，在荷兰的平均饮食构成中，糖的供能比例大概是 15.5%，略低于美国的 16% 和英国的 18%。

结果显示，对照组中雄性大鼠的平均存活时间为 566 天，而吃糖更多的一组中，雄性大鼠的平均存活时间为

[1] 实验大鼠的寿命一般是两年半到三年。详见第二十一章“糖与人工甜味剂”一节。

486 天。对照组的雌性大鼠平均存活时间为 607 天，与之相对应的另一组（喂糖组大鼠）是 582 天。如果人类的寿命也出现同样比例的缩短，那么吃更多的糖分会导致男性的“古稀之年”提前到六十岁左右，女性则提前到六十七岁。雌性动物对糖有着更强的抵抗力，这一点我在后面会继续讨论。

第二项关于寿命的研究，是美国农业部的研究人员进行的。实验用的饮食在碳水化合物上有所不同，一组是淀粉，另一组是糖。我之前提到过，不同类型的大鼠对含糖饮食的反应可能也不同，所以研究人员在实验中使用了两个不同品种的大鼠。其中一种大鼠，虽然含糖饮食组大鼠的肝脏更大、脂肪含量也更多，但不论吃含糖饮食还是淀粉饮食，大鼠们的寿命都一样。另一种大鼠在含糖饮食下也表现出肝脏体积增大、脂肪增多的情况，但除此以外，它们的肾脏也变大了，死亡时间也大大提前——寿命从 595 天变为 444 天。如果这样的寿命缩短出现在人类身上，那就意味着在高糖饮食下，人的寿命会从七十岁缩短为五十一岁。

目前没有证据表明糖会影响人类的寿命。但是根据上文中提到的动物研究，这并不是无稽之谈。我们总是会听到这样的说法：在富裕国家，由于营养的改善和传染病的减少，人们的健康状况比以前好多了。还有报道说，在过去一个世纪的时间里，人们的平均寿命从四十岁提高了现在的七十多岁。但事实如何呢？以前人类平均预期寿命低的主要原因，其实是婴幼儿的高死亡率。尽管在营养、医药和卫生方面取得了很大的进步，但我们有理由认为，这些进步对于健康状况的改善效应，至少在某种程度上被（糖的）负面效应抵消了，而这种负面效应阻碍了人类的寿命继续延长。

如果我们继续坚信“所有碳水化合物在消化和吸收之后，会产生同样的代谢作用”，那么当听到糖可能会影响生长发育、青春期和寿命时，当然会觉得惊讶。但假如我们意识到，糖可以诱发体内激素水平的巨大变化，那不仅不会觉得惊讶，而且会发现这样的观点相当可信。

第十九章
糖是怎么发挥作用的？

我认为糖在很多疾病中都起到了很大的影响，这些疾病的种类之多，恰恰是许多人对“糖有害健康”的说法持怀疑态度的原因之一。每当我或者我的同事们跟别人说，只需要戒糖就可以在很大程度上避免许多基础病或者改善患病状况，他们都会觉得我们跟贩卖“万灵药”的江湖郎中也没什么两样。

打个比方，苹果醋、酸奶加啤酒酵母粉，或者小麦胚芽油，这些都是走在食品潮流前沿的人推崇的可以让人“长生不老”的食物——好吧，至少是能让你“不老”。要我说，只要不吃糖，肥胖、营养不良、心脏病、糖尿病、龋齿或者十二指肠溃疡什么的就不会找上你，或许还能降低患痛风、脂溢性皮炎和某些癌症的概率——总的来说，你会活得更久。

当然，很难想象避免一种食物就能产生这么多的好处。同样很难想象的是，在饮食中包含一种食物就能导致（至少是部分导致）这么多的疾病。尽管如此，我认为我的建议并不是天方夜谭。正如我在前面章节中论述的，糖具有丰富多样的特性，使它成为食品和饮料中（厂商们）最喜欢添加的成分，导致我们今天会吃掉如此多的糖。

了解了糖多变的特性，我们就更有理由相信糖能够对身体产生各种不同的影响。但是目前，研究人员尚不清楚（糖进入身体后）每一种效应的产生机制。因此，不可避免的是，接下来的大部分内容，都是理论层面的讨论。但我希望，这种讨论至少有助于提出一些方向，供后来者进一步研究。

糖可以通过几种不同的方式对身体产生影响。首先，在被吸收之前，它就可以作用于口腔或者胃等局部身体组织；其次，在被消化和吸收进入血液之后，它也会继续发挥作用；第三，它可能会通过改变肠道内的微生物种类来发挥作用——种类变化会导致微生物产物的变化，而这些产物被吸收进血液之后，也可能进一步影响身体的新陈代谢。

糖的这几种不同作用方式，现有证据的说服力也各不相同——有的几乎完全肯定，有的还处于“极富想象力的推测”阶段。但在我看来，所有的证据都值得一看，即使是推测性的证据，如果能引导后续研究继续阐明糖在身体中的重要特性，（对科学研究）也是能起到一定作用的。

糖的局部作用

糖与口腔疾病之间的联系

我在第十七章已经提到过，糖引发龋齿这一点几乎是大家的共识。在食物中的淀粉和糖等碳水化合物的刺激下，口腔中的细菌会开始增殖，并且产生酸。然而，蔗糖是引起龋齿的主要元凶，这背后有两个原因。其一，以蔗糖为主要成分的食物一般都具有黏性，容易黏在牙齿上，饼干和太妃糖就是很典型的例子。这些食物残渣附着在牙齿上，还不容易被（水或者唾液）冲掉，这本身就会诱发龋齿；也因为有这些碳水化合物黏附在牙齿上，口腔细菌产生的酸与牙齿表面有了更长时间的接触。其二，不像其他碳水化合物，蔗糖的一种独有的特性就是能快速转换为葡聚糖，而葡聚糖是口腔中的变形链球菌最有效的产酸原材料。

糖与消化不良之间的联系

在第十六章我曾经提到的实验中，我们治疗了患有各种各样基础病的患者，包括食管裂孔疝、十二指肠溃疡或严重消化不良（有时也伴有溃疡）。关于这些基础病产生的原因，学界目前有很多讨论。但我认为有三个问题值得继续探讨：糖如何促发（或者加剧）食道和胃部黏膜发炎？为什么低糖饮食可以缓解消化不良的症状？以及，为什么糖会诱发溃疡？

如果回想一下人类的“天然”饮食——这里的“天然”指的是农业出现之前的饮食——我们会发现，那时候的食物成分不会刺激胃部，因为它们的渗透压不高。

我来解释一下什么是渗透压。渗透压是水性溶液的一种特性，描述的是在特定条件下，（溶液）自身倾向于吸收更多水分的状态。比如说，当我们把一种高糖溶液淋在水果上，水果的表皮会收缩（变得皱皱巴巴），这是因为它的水分被糖吸走了。再比如，往伤口上撒糖也会疼，同样是因为皮肤（创面）细胞因为缺水而出现了萎缩。只不过糖的渗透压没有盐那么高，所以疼得没那么厉害。

渗透压取决于溶液中粒子（分子或离子）的浓度。如果是淀粉这样的大分子物质，因为溶液中分子数量相对较少，那么即使浓度很高也不会产生太大的渗透压。但如果是同样浓度的糖，就会有很高的渗透压，因为糖分子的个头小，溶液中的分子数量更多。

正如前文中提到的，新石器时代之前的饮食中可能包含着相当数量的蛋白质、适量的脂肪，以及少量的淀粉和糖。蛋白质和淀粉的分子都很大，脂肪不溶于水，所以渗透压主要取决于饮食中少量的糖，以及其他小分子物质（比如各种盐和维生素）的含量。这种“天然”饮食，并不会对消化道上部的黏膜等脆弱组织产生刺激作用。

大量的糖，尤其是在空腹情况下吃高浓度的糖，就是一种刺激了。通过胃镜就可以真真切切地看到这种刺激，可以看到胃黏膜发生的变化。胃镜放好后，如果让实验对象喝点浓度中等的糖溶液——相当于一杯咖啡里加四五块方糖——当刺激性的糖到达胃黏膜时，你会看到黏膜变红，就像是发炎了一样。

糖在西方饮食结构中占据了相当的比例，而且考虑到空腹吃糖的频率之高，无疑也会对食道和胃部脆弱的黏膜带来反复的刺激。食道发炎是最有可能造成胃灼热的原因。至于胃部，我们在实验中发现，即便只持续两周的高糖饮食也能刺激产生更多的胃酸，胃液的活性也变得更高。人们普遍认为，十二指肠溃疡是因为胃液分泌过多而引起的，由此不难看出，在这种基础病的促发过程中，糖也可能发挥了某些作用。

糖还可能通过另一种方式对胃部造成影响。在前文中我提到过，糖会影响肾上腺，而我们都知道，肾上腺分泌的一些激素也会导致身体产生更多的胃液。这样一来，糖能够通过局部作用和整体作用一起，影响我们的胃部。

我再重复一次，之所以指出糖对身体的这些可能影响，只是因为它们是消化不良现象的合理解释，至少能解释一些严重的消化不良症状。关于“糖可能促发十二指肠溃疡”是否有明确的机制，这一点还有待继续研究。但是，即使最终医学界发现了不同的解释，“低碳水化合物饮食能够有效缓解大多数患者的严重和慢性消化不良症状”，这件事是毫无疑问的。

整体而言

虽然并不确定糖是如何引发疾病的，但我相信某种模式已经开始浮现。我们现在必须根据这种模式提出一些合理的理论，这样一来，进一步的实验就能揭示出更多未知的细节。当然，如果我们提出的理论被证明是错误的，那也必须如实进行更正。糖到底是如何引发这么多疾病和异常的？在试着回答这个问题的过程中，有两个研究成果尤其值得一提。一是糖会导致实验动物的肝脏和肾脏增大，而这种增大不只表现在所有细胞的体积增大，实际上构成器官的细胞数量也会增多。用专业术语来说，**糖不仅会引起器官肥大，还会引发增生。**

糖的第二个似乎很重要的影响是，**会导致血液中胰岛素和雌激素水平的升高，以及肾上腺皮质激素水平的显著提升**。同时，糖还会导致大鼠的肾上腺变大。我们还应该记住的是，如果不断有蔗糖消化后产生的高浓度葡萄糖和果糖涌入血液，会更容易出现这些负面影响——至少对一部分人是这样的。之所以可以大量不断地进入血液，部分是因为它的消化和吸收都非常快——就像广告语里说的，糖是“快碳水”。还有一部分原因，是人们经常在两餐之间吃点零食，喝点饮料什么的，这时候空空如也的胃里几乎没有什么东西可以延缓糖的吸收。

首先，糖对激素、肝脏和肾脏的影响，足以让任何一个理性的人相信，它绝不仅仅是一种普通的食物。其次，通过糖提升激素水平的影响，我们有可能认识到糖是如何与这么多基础病产生关联的。我认为，这也说明了为什么人们会患上某一种病（而不是另一种）。这些激素之间有极为复杂的相互关系，既表现在某个特定时间随血液循环的激素数量上，也表现在它们对人体新陈代谢的作用上。（体内）一种激素的增加会导致其他几种激素的增加或减少，这一点几乎总是正确的。

总的来说，激素倾向于促使身体恢复到之前的状态。这种情况之所以会发生，是因为不同激素的某些作用是相互对立的，而另一些作用则会相互促进。当体内某种激素水平上升之后，身体会尽自己最大努力进行相应的调整，但是调整之后很可能依然无法达到平衡。

我认为，身体进行这些调整的具体方式是因人而异的。想象一下这样的场景，随着一股洪水涌入河道，河岸最薄弱的部分最终被冲破了。为了马上修复，我们只能从岸边其他部分寻找材料：石块、碎石、泥土和沙子什么的，从这儿取一点，从那儿拿一些。最终我们修复了缺口，但这也意味着岸边其他部分变得薄弱了。只有当下次洪水袭来时，我们才知道哪一部分会被冲破。这个过程取决于许多因素，两条看起来似乎一模一样的河流，当压力（洪水）来临，也很难出现两个相同的结果。

当然，也可以假装实际情况会简单一些。不难想象，糖之所以会引发糖尿病，是因为它会促使分泌胰岛素的胰腺细胞过度工作，直到筋疲力尽。事实上，对于某些糖尿病来说，情况似乎也确实如此。我提到这一点是因为，有越来越多的人开始认为，糖尿病不仅仅是一种疾病，甚至也不是我在前文中提到的青少年和老年人身上出现的两种疾病那么简单。所以，关于糖是如何促发糖尿病（或者某种类型的糖尿病）的问题，背后可能存在一个复杂的机制。但以我们目前的了解，还不足以完全揭示这一机制。

关于这一点，我认为没有必要继续讨论下去了，因为其中有太多的东西都还只是推测。我只是想说，激素的变化肯定会影响皮肤，影响动物的生长速度和性成熟，而且有越来越多的证据表明激素和某些癌症之间存在联系。就目前来看，“糖能够对身体的新陈代谢产生许多深刻的影响”，只需要明确这一点就足够了。由此也不难想象，糖确实也有可能和许多不同的疾病相关，包括糖尿病和动脉粥样硬化这些本身就表现出严重代谢紊乱的疾病。

消化道中的微生物

糖的第三种可能的作用方式，是改变肠道中大量微生物的数量和比例。在未被吸收和消化的食物残渣上生活着各种各样的微生物，它们不断增殖，生生不息。我们吃下去的食物类型，决定着体内食物残渣的种类和数量，进而也会影响肠道内微生物的比例和数量。

坏消息是，医学科学对人体内的这些细节还不是那么清楚。不过可以肯定的是，当我们把饮食中的淀粉替换为糖之后，肠道内也会发生相应的变化。

有人认为，憩室炎（diverticulitis）——一种伴随着疼痛与腹泻的大肠疾病——在某种程度上有可能也是由现代饮食引起的。普遍认可的一个观点是，这种疾病是因为食物在体内留下的残渣太少，尤其是吃了太多白面包，而不是含有更多纤维的全麦面包。在本章前半部分，我已经论述过为什么这个观点无法解释西方人患十二指肠溃疡和其他疾病的原因。不过，我确实也认为造成憩室炎的一个可能原因，是用糖替换了饮食中的淀粉。饮食上发生的这种变化，会导致肠道微生物的类型和数量的改变，进而影响肠道本身的活性以及抵抗侵害的能力。

血液中的蔗糖

我之前提到过，吃下去的糖在进入血液之前会被消化（分解）为葡萄糖和果糖。通常情况下，这个消化过程很彻底。除非我们（在短时间内）吃下了非常大量的糖，这时，可能会有少量未经消化的蔗糖进入血液中。最近刚刚发现，蔗糖对活细胞可能会有一些非常强效的作用，所以可以想象，虽然只是很少量的蔗糖，但持续很长一段时间的话，也会对身体组织产生破坏性的影响。目前来看，这一点纯属假设，但这个假设值得未来进一步的研究和探索。

第二十章
应该禁糖吗？

我在这本书里讲了很多我们最近在伊丽莎白女王学院进行的研究，都是关于吃太多糖对人体健康带来的有害影响。正因如此，我们的研究也让许多食品加工行业的朋友深感不安。含糖的加工食品实在太多了，其中许多食品的含糖量非常高。

事实上，食品加工行业已经做出了许多不同的反应。有一次我碰巧见到一家大型食品公司的四五位高层管理人员，他们的反应就非常有代表性。这家公司的产品种类繁多，包括各种各样的巧克力和糖果。这次会面发生在好几年之前，那时对于糖的反对声还不像今天这样强烈，但在当时，我依旧向他们提了以下这个问题：

假如有确凿的证据支持我们的观点，也就是糖以及你们生产的一些产品，是导致冠状动脉性心脏病死亡的重要因素，你们还会继续生产这些味道甜美令人垂涎欲滴的巧克力吗？

在这之前，我曾经跟很多人讨论过这样一个问题：现在的高糖摄入量无疑已经导致了很多疾病和死亡案例，面对这样的情况，我们应该怎么办？每次我都会收到各种答案，五花八门。而这一次，食品公司经理们的回答也并没有让我感到意外。其中一个经理的回答代表了一个极端，他说，保护消费者不受伤害可不是他的职责范围，他也没有强迫人们去购买自己公司的产品，如果消费者愿意冒着损害健康的风险继续吃（这类食品），那也是消费者的自由选择。另一个经理的回答代表了另一个极端，他说，如果有确切的证据表示糖对健康有害，那他就会辞去公司的职务。就好比说，他现在说什么都不会去烟草公司工作，即使持有烟草公司的股票也不行，因为他深信“吸烟有害健康”。

还有些其他的回答介于两个极端之间。其中有一位经理就表示，如果对糖不利的证据越来越多，他会支持自己的公司投入资金和时间展开研究，去寻找能够对抗糖的不良影响的方法——比方说，可以在产品中添加解药什么的。

对此我怎么看？其实我的看法在前文已经提到过了——人们已经越来越能够区分“我想要”和“我需要”之间的差异，也可以理解说，毫无限度地去满足“我想要”的欲望，不论是对个体还是对人类整体，结果都将是灾难性的。人们总想吃甜食，那是因为喜欢吃。假如我们能找到的唯一甜食是水果，那么吃这种甜食既可以满足对甜味的欲望，又能够满足身体对维生素 C 和其他营养物质的需求。但是自从人类开始自己生产食物，尤其是随着制糖和食品加工技术的发展，我们已经可以做到把甜味和其他所有营养物质分离开来。这时候，我们“想要”的就不一定是我们“需要”的了。在漫长演化中形成的，是以生存为导向的强大驱动力，只会告诉人们什么是有益的，什么是有害的，然后让他们自己做决定，这可远远不够。

事实上，所谓“道理我都懂，但我有自由选择的权利”，这个原则有时候并不像听上去那么不可侵犯。绝大多数国家的人都不能“自由选择”吸食鸦片和可卡因，不是吗？因此，唯一的问题在于：在什么情况下，社会应该出面干预，来保护个体不去追随那些因为技术进步而变得危险的“本能”呢？

从社会显然应该干预的情况——比如吸食鸦片，到社会无法有效干预的情况——比方说缺乏运动，形成了一个连续统一体。吸烟和吃糖，正好介于两个极端之间。

也正是在两个极端之间，大多数人都同意的一点是，（社会）应该努力说服公众（个体）采取一些维护健康的措施。遗憾的是，目前官方（社会）还没有充分意识到，我们其实非常有必要像研究治疗一种疾病的各种手术方式一样，去认真研究各种说服的手段。这种漠不关心的态度，好几年前就有所表现。当时有一位国会议员向英国医学研究理事会提问，想知道理事会是不是在研究能够让人们戒烟的方法。部长对此的回答是，这不在医学研究理事会的职能范畴之内。如果今天有人提出类似“如何说服人们戒糖”的问题，恐怕得到的答案也是一样的。

人们不愿意去相信“学点儿说服的艺术，很有必要”，这其中一个原因在于，大家意识不到“知道该做什么”和“做了什么”之间有一道巨大的鸿沟。大家普遍认为，所谓的健康教育就是告诉人们有哪些健康知识。比方说，只要告诉大家“吃糖会让牙齿长洞”，这个教育就算是完成了。甚至是像世界卫生组织和联合国粮农组织这样的机构，也才刚刚开始意识到，这样的认知方式正是发展中国家健康教育失败的主要原因。仅仅是告诉人们“你应该吃水果”或者“你应该给孩子喝奶”，这是不够的。我们需要做的远不止这些。

我听说过牙科权威人士支持的很多活动，他们希望能通过这些活动减少学龄儿童的龋齿发生率。有时候，只是制作出一些吸引人的海报，他们就心满意足了。还有的时候，他们往前走了一步，会奖励那些了解牙齿结构和龋齿发生过程的孩子。但他们很少去评估自己的宣传是否真的减少了龋齿的患病率。这也是为什么我会说，在应对吃糖带来的危险方面，不能理所当然地认为，确保大家都知道“吃糖是危险的”就够了；更不能想当然地说，只要大家知道“糖不仅会导致超重、龋齿，还会引发心脏病、慢性消化不良、溃疡和糖尿病等，以及其他好多疾病”，就会自然而然地不再吃含糖食物，不再喝含糖饮料。所以，现在你是不是更能理解一点了，如果我们止步于告知大众（糖是有害健康的），就可能会出现和宣传戒烟类似的结果——确实有一些人在知道“吸烟有害健康”之后戒了烟，但还是会有许多人对此无动于衷。

那么，社会应该采取措施强迫人们放弃吃糖吗？对于这个问题，大多数人的回答都是坚决的“不”。在他们看来，只需要让人们知道不同食物的价值，不管是好是坏，然后让他们自由选择就可以了。我认为，因为我们人类可以区别对待食物的适口性和营养价值，这个能力让“自由选择”变成了一件根本无法实现的事情。对此我已经给出了自己的理由。而且，隐含在“自由选择就够了”这个观点背后的假定条件其实是，这个选择是真正自由的，这也就意味着，人们对于食物价值的认识是完全公正的。但这是真的吗？

有些人对消费者吃糖太多的担心不亚于我，比方说牙医，他们也经常提到，糖果、蛋糕、冰激凌和软饮料之类的产品，广告实在是太多了。仅仅是在英国，每年投入到这些商品上的广告费用就超过一亿英镑。

我不相信媒体对待广告的策略完全是为了保障消费者的利益。我觉得他们会有点紧张地小心提防着，确保自己没有冒犯到广告商或者代理人的利益。坦白说，每次看到英国和美国的广告行业声称自己“永远把社会利益放在第一位”时，我总是非常怀疑的。英国广告协会的主席曾经表示，协会的目标包括“开拓诚信广告之路——用诚信铺就，用理解拓宽，提供大众认可的社会服务”。我相信每个人都能举出与这些目标相去甚远的广告例子。

有这么多挂羊头卖狗肉，隐瞒和歪曲事实的广告案例，显而易见，对于“吃什么，不吃什么”这个问题，不应该完全由人们自己决定。我认为，迟早有一天吃糖这个问题会严重到需要立法，需要通过各种手段防止人们吃下太多的糖，尤其是防止婴幼儿的健康被糖损害。

鉴于过度吃糖还没有被看作是一个公共卫生问题，是不是我们就完全束手无策了？有些人觉得戒糖很容易，但很多人觉得很难。我来告诉你我是怎么做到的。我得承认一点，我本人曾经就是你所见过的最嗜糖如命的人。强调这一点有两个原因。第一，很多人认为我反对吃糖是因为我不喜欢甜食。要是他们知道我以前每周会吃掉多少牛奶巧克力、甘草糖，或者各种各样的甜食和蛋糕，他们就不会这么说了！只需要粗略估算一下，我每天至少也能吃掉280克的糖，多的话可能将近420克。第二个原因就是，我们是可以改掉吃糖的习惯的。比如说我，每周吃的糖已经从原先的2200—2700克减到了50—80克之间——有时候甚至一整周连一点儿糖都不吃——如果我能做到，你一定也能做到。

首先当然是要有激励。你必须下定决心去减糖或者戒糖。即便并不完全相信我所说的关于（糖能够导致）溃疡、糖尿病和心脏病之类的问题，你也还是能找到这样或者那样的激励，比如可能来自日渐膨胀的腰腹部，或者来自你从牙医那儿收到的账单。一旦下定决心，你就不会觉得这有多难了。但是请记住，循序渐进，开始时得慢慢来。如果你习惯在咖啡或者茶里加两勺糖或是两块糖，那么可以试着在一到两周的时间里减少到一勺，在接下来的一到两周的时间里继续减少到半勺，直到完全不用加糖。尽量不要喝一般的软饮料。喝一些低热量的饮料，或者冰过的茶。再者说了，白开水有什么不好的？至于啤酒和苹果酒之类的酒精饮品，如果你真的很难拒绝，那就尽量选择（含酒精量较高而无甜味的）干啤酒或者干型苹果酒之类。在调鸡尾酒的时候，也尽量不要在威士忌、杜松子酒或者伏特加里加软饮料。

你还可以一步一步地减少布丁和冰激凌的量，选择一些少糖（减糖）的蛋糕和饼干。早餐不要吃含糖谷物，当然也别再往上面撒糖粉了。

你可能会觉得难以置信，但是**当你真的习惯了少糖甚至无糖的食物和饮料，你会发现每种食物都有非常有趣的味道，那是你曾经遗忘的、被甜味完全掩盖的味道**。习惯多糖饮食的你，味觉敏感度也被削弱了。你会发现，吃水果是一件多么令人愉悦的事。你会注意到一个品种的苹果、梨或者橙子和另一个品种的细微差别。除非你每天都要吃掉好几公斤的新鲜水果，否则你吃下去的糖根本就不会达到目前的人均水平，更不用说还有很多人吃的糖比平均值多多了。

但这并不意味着，任何时候你都必须对派或者冰激凌说“不”。宴会上欣然接受女主人精心准备的点心，这当然没什么大不了的。合理饮食并不等于招人讨厌。很明显，生活中有些食物为你提供的糖分，可比其他食物多太多了。打个比方，如果你习惯在茶和咖啡里加两三块糖，每天要喝七八杯，简单做个算数你就会发现，仅仅是茶和咖啡这样的食物来源，每天就能帮你少吃 50 到 85 克的糖。再加上每天吃掉的早餐谷物里的糖，以及偶尔喝掉的可乐或者果味饮料什么的，你会发现，把自己饮食中的糖减少到平常的四分之一甚至更少，根本不是什么难事儿。

只吃糖而不吃其他的东西，对身体的伤害更大。在没有其他食物的缓冲和阻碍时，吃进肚子里的糖，被消化和吸收的速度都很快，所以血液里很快就会涌入大量的葡萄糖。所以说，比起饭后少吃一块苹果派，更重要的是避免在两餐之间喝饮料、吃糖果什么的。因为紧跟着正餐吃掉的糖，在体内的消化和吸收速度会慢得多，影响也会小得多。

对很多人来说，也许最难的是如何让自己家的孩子尽量不吃糖。几乎是从孩子们出生的那一刻起，我们现代生活方式里的一切，好像都在合谋着把糖送进他们天真而顺从的肚子里。但是只需要稍微注意一点，至少你能让孩子避免“每周吃两斤糖”的梦魇。

首先，应该选择那些添加了乳糖而不是普通（蔗）糖的婴幼儿配方奶粉。接着，当你开始给孩子添加辅食的时候，多看看标签，选择“不含添加糖”的即食食品或者罐装食品，或者自己动手制作一些蔬菜泥、肉泥。买橙汁的时候也选择“不含添加糖”的那种，或者自己在家榨橙汁。

等孩子再大一点了，尽量不要给他们甜食或者饼干。当然偶尔也可以给他们吃一点，比如让孩子在正餐的时候吃点甜食当作奖励，但是千万不要在孩子刷完牙准备睡觉的时候才给他们甜食吃。

最后的最后，你会发现最大的困难不在于你自己，而在于你的亲朋好友会往孩子的小手里塞多少糖果，而且通常都是在背着你的时候。虽然可能没办法让孩子像你希望的那样远离糖，但你会发现即便如此，依然有可能把孩子实际吃掉的糖控制在一个较低的水平。

你可能已经注意到，比起含糖饮料，我更喜欢低热量的软饮料。从这一点就可以看出，我并不认为低热量饮品中添加的人工甜味剂会有什么风险。我的个人观点是，（在合法使用的前提下）这些甜味剂不太可能伤害任何一位消费者。当然，你可能会认为，（对身体）最好的选择是完全戒掉吃甜食和喝饮料的习惯，这样一来，即使是甜味剂什么的，也可以完美避开了。这是一个你必须自己做出的决定。关键是，你应该尽可能地少吃点糖。

第二十一章
进攻是最好的防御

我的一些好朋友……

人们常常听到这样的劝告，“为了健康，你应该吃这个”，或者“为了健康，你不应该吃那个”。这种宣传可能是有据可循的，也可能毫无凭据。但对于食品生产商来说，重要的是人们是否听信了这样的劝告并且采取了行动。如果消费者真的相信“人造黄油能降低患心脏病的概率”，然后选择了人造黄油而不是天然黄油，那欢呼雀跃的就是人造黄油生产商。天然黄油生产商呢，只能垂头丧气了。可以理解，为了维护各自的商业利益，双方接下来都会采取一些措施。

因此，面对“糖有害健康”“人们应该少吃糖”这样的宣传语，制糖业和甜食生产商做出强烈反应，简直就是理所当然的。唯一可能有些不合理的，是他们做出反应时采取的一些特殊方式。我自己就曾经碰到过一些，写下来和大家分享。有些人时常会好奇，是否有正当理由去质疑和担忧“跨国公司”的权势问题。如果你刚好也这么想，那么接下来我写的这些例子，应该会让你感兴趣。

世界糖业研究组织，或者……这个名字代表着什么？

《甜蜜的，致命的》在英国出版后一两年，就被翻译成了芬兰语、德语、匈牙利语、意大利语、日语和瑞典语。到 1979 年，学界已经有很多关于糖对健康影响的新发现，这本书显然也需要尽快更新。尽管出版商多次催促，但我当时忙于其他事情，实在没有时间去完成那个需要大量更新的“新版”。所以英文版就绝版了。

这个消息制糖业可不会放过。世界糖业研究组织每个季度会发布一份简报，由伦敦总部摘选对制糖业利好的研究摘要，结集出版。总的来说，他们要么摘选一些对糖的使用、生产或是销售做出正面评价的文章，要么就是摘选一些宣传糖不利影响的文章，然后在简报中大肆批判。

1979 年的一份简报以“一本垃圾书”为题，发表了这样一段内容：

> 《甜蜜的，致命的》，约翰 · 尤德金著，戴维斯 –

波因特有限公司，1972年出版于伦敦。

如果听出版商说这本书已经绝版，再也买不到了，科幻作品爱好者们应该会伤心欲绝吧。

在亲自进行研究之后，或者看了其他人的研究报告之后，我会得出一些结论（或判断）——这很正常吧？假如有人（对我给出的结论）持反对意见，那么，作为一名严肃的研究人员，我是一点儿也不介意的。然而，说我的作品是“科幻”，那就相当于是在说我发表的代表我自己和系里其他同事的研究成果，以及我引用的其他科学家的研究成果，全都是虚构的。

所有看到这份简报的同事，都同意我的上述看法。我的律师在处理诽谤案件方面有丰富的经验，他也站在了我这边。但慎重考虑之后，他还是征求了两位诽谤法领域专家大律师的意见。这两位大律师也认为，（简报）让人错误地以为“在英国和国际著名科学杂志上发表过论文的科学家，实际上一直在介绍虚假的研究成果”，这，就是诽谤。

我们对这次诽谤提起了诉讼，接下来是律师们之间长达四年的书信往来。最后，世界糖业研究组织和他们的编辑同意发布一份撤回言论的声明，并且答应承担我的律师费用——当时的律师费还没现在这么高。如此，双方达成和解，我们也放弃了诉讼。以下是1984年3月这个组织在简报上发表的声明：

> 1979年9月，在世界糖业研究组织出版的季度简报上，我们曾经对约翰·尤德金教授的《甜蜜的，致命的》一书已经绝版这一事实做出评论。此外，我们还就这本书的内容和价值发表了意见。令人遗憾的是，在尤德金教授看来，我们发表的评论是对他作为科学家的诚信与声誉的质疑。
>
> 尤德金教授因其在营养学领域的研究工作而闻名于世，他撰写了大量研究论文，曾发表在许多极负盛名的科学与医学期刊上。营养学是他主要的研究领域，他本人撰写的几本营养学相关书籍也深受读者喜爱。多年来，他曾经在多家食品生产或食品配料相关的公司担任顾问，包括兰克·霍维斯·麦克杜格尔公司、联合利华，以及英国国家奶业理事会。自二十世纪五十年代末以来，尤德金教授进行了一系列实验研究，据此，他形成了自己著名的观点——“糖作为一种食品，并不安全”。我们承认他持有此观点，也承认他各项研究工作的诚信与善意是无可非议的。尤德金教授认识到我们不同意他的上述观点，也接受我们有权表达自己不同意见的事实。

这件事还有一个颇具讽刺意味的小插曲。当时世界糖业研究组织季度简报的编辑，同时也是伊丽莎白女王学院理事会的成员，而这个理事会，就是我多年来任职营养学教授的院系的上级管理机构。这位编辑是伊丽莎白女王学院的荣誉财务主管，从 1976 年开始担任理事会成员。在我正式退休五年之后，理事会推选我为“伊丽莎白女王学院院士”——一个通常只授予退休行政人员的荣誉称号。推选的时候，他肯定投票支持了我，或者至少默许了让我当选这个“院士”，这是“在建立蓬勃发展、备受学界尊敬的营养学系的过程中，表彰（我）对学院声誉做出的贡献”。

在律师们为我的“科幻作品”进行书信沟通的漫长四年里，有一次我去参加了学院里一个非正式的聚会。在会上，院长拦住了我，他把我拉到一边，告诉我他听说我想起诉学院理事会的财务主管。我本以为他是在同情我遭受诽谤一事，但还没来得及表示感谢，他就明确表达了自己的观点：竟然想攻击学院理事会的成员，错的一定是我。我倒认为，由于财务主管毫无根据地攻击了大学的名誉教授和学院的院士，院长应该建议他退出理事会，这样才更合适。

选择的自由，取决于获取信息的自由

刚才我说的诽谤事件本身，并不会引起公众的关注。但这只是国际制糖业各种公关活动的冰山一角罢了。

再说吸烟。每当有人倡议“应该限制烟草广告或者提高烟草赋税，帮助大众预防由吸烟引起的肺癌或慢性支气管炎”，这种时候，马上就会有人跳出来抗议说，这是在限制人们的自由选择。当然了，抗议的人大部分都来自烟草行业。这说明什么？如果一个人准备冒着因癌症而死或者因严重支气管炎而失业的风险，“自由”地选择了吸烟，即使这样社会也无权干涉。但我想说，**真正自由的选择，只有在人们能自由获取信息的前提下才存在**。而制糖业一直在做的，是试图阻止公众了解关于糖的负面信息。我可不是在诽谤，过去二十年间我的亲身经历就是真实佐证。

1964年，我曾经受邀去参加一个关于饮食习惯研究的学术会议。饮食习惯刚好是我们一直在做的研究课题之一。这个邀请是一个基金会的秘书发给我的，基金会总部位于巴黎，全称是国际食品进步基金会。他还告诉我，虽然基金会得到了食品行业的大力支持，但工作本身是不受商业利益影响的。同年七月，我在《柳叶刀》杂志发表了一篇论文，介绍我们研究工作的一些新发现，其中就包括有证据表明糖是引发冠状动脉性心脏病的原因之一。不久，那位基金会秘书激动地给我来信，询问我法国报纸上关于这项研究的报道是否属实。来信还说，他写这封信是因为，除了是国际食品进步基金会的秘书，他本人还在法国一个负责推广食用糖的机构担任秘书工作。

我回复说，关于我们论文的报道是真的。我还表示，在这种情况下可能我退出会议比较好。下一封来信中，秘书先生坚决否认自己曾表达过“会议不欢迎我”的意思。他再一次重申，国际食品进步基金会的唯一目标是促进营养问题相关的研究工作和讨论。

当年九月，会议如期举行，其间有数十位研究人员介绍了自己的学术论文。一位同事陪我去了巴黎。会议结束后，主办方要求我们多待上两三天，和他们一起准备即将发表的会议论文集。几个月后，我收到了关于自己论文的校样（发言样稿），随之而来的还有国际食品进步基金会秘书的要求：鉴于我在自己的论文中提到，现在有证据表明，近期大幅增长的糖摄入量是某些疾病患病率升高的可能原因，我本人是否可以撤回这样的论述？或者在结论处添加一个脚注，说明这仅是我的个人意见而并非学界共识？对此，我的回复是，这一要求有悖国际食品进步基金会早先反复保证的“公正”立场。我还说，如果他们不同意发表我认可的那一版发言稿，那我宁愿他们不发表。

结果也的确如此。国际食品进步基金会发表了会议论文集，我的名字也在参会人员名单上，但是我在会上的发言，消失了。

糖与人工甜味剂

你可能会觉得，制糖业会持之以恒地开展公关活动，反对使用糖精、甜蜜素以及阿斯巴甜这样的新型甜味剂。事实上，这样的活动比以前少多了，这是因为制糖企业自己也在研发新的人工甜味剂。尽管如此，了解一点制糖业早期针对甜味剂的活动，还是很有意思的。

以甜蜜素事件为例。制糖业曾经花费巨资去研究和宣传甜蜜素可能的不良影响。一直到 1969 年，他们都在行业信息资讯中反复提及甜蜜素的种种不好。这一年，美国、英国和其他一些国家正式禁用了甜蜜素。早在 1954 年，美国糖业局就曾经解释过为什么制糖业在宣传上的花费如此之多，原文引用如下：

“（糖的）这些替代品在瓶装、罐装与盒装食品上占有的市场份额，可能永远不会威胁到制糖业，但真正会起到破坏作用的，是它们对消费者偏见的影响。很显然，我们必须有个关于糖的宣传计划，广泛地覆盖消费者，这才是制糖业唯一的真正保障。”

到 1964 年，制糖业得出的结论是，人工甜味剂确实是一个严重的挑战。英国糖业信息公司总裁对糖业协会说："人工甜味剂已经直接影响到了我们每个人的钱袋子。我想和大家讨论一下甜味剂挑战的性质、规模和影响。还想告诉大家，为了应对挑战我们在做什么。"接着，他讲述了一场"质疑人工甜味剂软饮料的营养价值"的广告公关活动。

制糖业赞助支持的一些针对甜蜜素的实验，其实执行得并不好。比如说其中有一项大鼠实验，喂养大鼠的食物中甜蜜素占比 5%。在保持甜度不变的情况下，如果把甜蜜素替换成糖，相当于大鼠每天需要吃掉食物总量一倍半那么多的糖！因此，实验中喂食甜蜜素的大鼠出现了身体孱弱、发育不良之类的问题，也并不会让人觉得意外。

然而，"饮食中 5% 的甜蜜素影响了大鼠生长发育"这一"重大科学发现"得到了广泛的宣传。不仅有众多杂志争相报道，甚至还出现在了分发给英国国会议员的信息手册里。

甜蜜素事件中让人感到讽刺的是，美国甜蜜素禁令的依据是由雅培公司赞助的一项实验得出的结果，而雅培公司是世界上最大的甜蜜素生产商。这项研究是在纽约食品与药品研究实验室进行的，研究人员使用了甜度相当于每天吃将近 5 千克糖这么大剂量的甜蜜素和糖精来喂养大鼠。实验进行了两年——要知道，大鼠的寿命一般是两年半到三年，所以两年对大鼠而言是一段很长的时间——其中一些大鼠开始出现膀胱癌的早期症状。通常情况下，这时研究人员应该召集一组专家，来评估这些实验在人类身上的适用性。而且应该是差不多五十分之一的剂量，这才是正常人一天可能会吃的最大剂量。事实上，现在大家都普遍认为，那个实验中膀胱癌的发生和甜蜜素或者糖精都没有关系。

然而，美国食品与药品立法当局已经批准了德莱尼条款，禁用甜蜜素已成必然。大家应该还记得条款中的那句话：任何物质（食品添加剂），不论以任何剂量，在任何动物身上进行了任意时长的实验，如果发现会引致癌症，那它就不能用于人类食品生产。结果就是，甜蜜素在美国遭到禁止，其他几个国家也陆续下了禁令。大概是想让所有消费者继续随心所欲地吃糖吧。不过，大部分国家在重新考虑目前的情况之后，已经取消了这一禁令。

关于糖和甜味剂的这些实验和结果，有时也会掺杂着人为的曲解。当年我发表了一篇论文介绍我和同事们的实验研究，在实验中我们让年轻男性志愿者每天吃很多糖，最多能达到 400 多克，不过大部分时候都比这个数字小得多。但还是有人跟我说，我们实验中使用的剂量异常大，实验结果当然也是“无效”的。但事实上，和甜蜜素故事中为了证明危险性而使用的天文数字一样的剂量相比，我们使用的剂量实在算不得“异常”。

英国营养基金会

英国营养基金会成立于 1967 年，比美国的营养基金会晚了二十六年。美国营养基金会的资金几乎全部来自美国食品行业，还设立了一个庞大的理事会，理事成员不仅有来自食品行业的代表，还包括营养与食品科学领域的研究人员，以及杰出公众代表。美国营养基金会定期出版一份名为《营养学综述》的杂志，评论近期在营养学领域发表的研究成果，引发讨论。基金会偶尔还会出版几册专刊，介绍在营养学领域最新发现的研究成果。总的来说，接受食品行业资助这件事并没有影响美国营养基金会的正常工作。不过我也必须承认，基金会也确实没怎么批评过食品行业——尽管在利益不相关的第三方看来，至少在一定程度上，食品行业的某些方面是该批评的。

以美国营养基金会为榜样，1967 年，英国营养基金会也成立了，同样是由食品行业资助的。第一批赞助商，也是主要的赞助商，就包括制糖企业泰特–莱尔，以及当时的面粉生产商兰克。面粉和糖这样的组合之所以会出现，似乎主要是出于泰特、莱尔和兰克这几个家族之间的私人友谊。家族之间当然也有业务上的合作，因为兰克的很多产品都需要用到糖，比如蛋糕和饼干之类。尤其是在兰克与另一家大型面粉商以及一家烘焙商合并，联合成立兰克·霍维斯·麦克杜格尔公司之后，他们的合作更为密切了。

英国营养基金会的第一任理事长是已故的阿拉斯泰尔·弗雷泽教授。他本人是一位生物化学家，对药物的生物化学特性尤其感兴趣，就任理事长之前刚刚从伯明翰大学药理学系主任的位置上退休。弗雷泽教授的主要研究领域是食物中脂肪的消化和吸收。从这个角度看，他也确实在关注营养学，虽然这只是其中一个相当细分的领域。基金会成立之初，弗雷泽教授投入大量的时间和精力在各种食品相关企业之间奔走，但这些公司对于向基金会提供资金支持这件事都不是很感兴趣。也正因如此，在最初的几年间，基金会的状况很不稳定。然而，在对付食品行业的各种方法中，有一种似乎格外成功：弗雷泽教授对食品行业的人说，在消费者越来越关心食品加工过程以及添加剂使用的当下，基金会将在食品行业与公众之间，起到类似保护屏障的作用。除了费时费力为基金会筹集资金，弗雷泽教授还抽时间协助拍摄了一部电影，介绍糖作为食物的优点。

读完这一段介绍你可能会问，当时的英国营养基金会是不是在给糖站台？如果是的话，它的立场是不是一直没有变过？继续读，我希望你能做出自己的判断。

理事长的目标

二十世纪六十年代末，兰克·霍维斯·麦克杜格尔公司开始研究是否有可能生产一种廉价的高蛋白食品。历经二十多年的钻研，耗资数千万英镑之后，最近他们终于向市场上推出一种美味的馅饼。项目开始的时候，麦克杜格尔公司当时的研发总监邀请我担任项目顾问。

同时他还告诉我，他在麦克杜格尔公司和泰特-莱尔公司的朋友们——麦克杜格尔公司和泰特-莱尔公司依然是基金会的主要赞助商——对他说，请我来给麦克杜格尔公司提供咨询并不合适。然而他自己坚持这么做。项目开始后不久，他告诉我说，基金会的理事长向他施压，让他转告我不要再说“糖有害健康”这种话了。我回答说，如果能和弗雷泽教授面谈一下，我可以有理有据地向他介绍我们近期的研究结果，并且解释我观点的合理性。

就这样，我们在基金会的总部见了面：弗雷泽教授、麦克杜格尔公司的研发总监、基金会的两三位理事成员，还有我。我们进行了一次很有意思的讨论，很明显，弗雷泽教授既不了解冠状动脉性心脏病研究的最新进展，也不了解关于“糖对健康影响”的最新研究进展。他强烈反对“糖与冠状动脉性心脏病有关，或者可能有关”这样的说法，而且坚持认为，吃糖越来越多这件事与冠状动脉性心脏病没有关系。事实上，他认为冠状动脉性心脏病的患病率并没有增加。我回答说，这其实和大家普遍认同的“吸烟是一个重要的致病因素”类似，随着吸烟人数的大量增加，心脏疾病的患病率也必然会增加。“这只能说明，”弗雷泽教授说，“吸烟和疾病也没有关系。”——一个几乎没有科学家和医生会认可的观点。

当我们吃完午饭离开会议室时，我无意中听到这位理事长说：“我把话放这儿了，尤德金是不可能从英国营养基金会得到任何研究资助的。”你猜怎么着，这个预言果然应验了。

英国营养基金会不欢迎伊丽莎白女王学院的营养学家

在我担任伊丽莎白女王学院营养学系系主任期间，不论是我自己还是其他同事，从未和英国营养基金会有过任何联系。我想说明的是，我所在的营养学系成立于 1953 年，在欧洲所有大学中，我们是最早致力于营养学本科生与研究生教育的机构。我们至少也和英国其他的营养学系一样，进行着广泛而深入的研究活动。

就英国营养基金会的目标而言，它最重要的理事会必然是科学理事会。科学理事会一向是由杰出的科学家来担任主席。虽然他们都不是专业的营养学家，但或多或少都接触过营养学这一领域。在我撰写本书的时候，这个科学理事会自成立以来已经换了五任主席。其中就包括已故的查尔斯·多兹爵士，他是当时最杰出的生化学家之一；还有已故的厄恩斯特·钱恩爵士，他与弗洛里还有弗莱明一起发现了青霉素，并且因此获得诺贝尔奖。多兹爵士和钱恩爵士担任主席的时候，都曾经来找过我，问我为什么不加入英国营养基金会的科学理事会，或者其他理事会。我回答说“没人邀请我”。两位又问我，他们是不是可以向理事会建议，邀请我担任科学理事会的理事。对此我当然表示了同意，我也能猜到基金会的回答会是什么。事实证明我猜对了。两位主席得到了相同的回复，我以任何方式参与基金会都没有问题。但我没有猜到的是，作为理事会成员，基金会的长期主要赞助方泰特－莱尔公司的代表会这么说：如果基金会委任我做科学理事会的理事，他会立刻从理事会退出，也会确保泰特－莱尔公司和其他公司都撤回赞助。

自从 1953 年成立，伊丽莎白女王学院营养学系就迅速成为一个蓬勃发展的营养学研究中心，也很快就培养出了一批优秀的毕业生，在英国国内外不同的实验室里从事营养学研究工作。1970 年，英国农业研究理事会和医学研究理事会要成立一个联合理事会，以调查英国营养学研究现状。我们当然对这个消息很感兴趣了。但出乎意料的是，我和我的同事没有一个被任命为这个联合理事会的成员。

调查报告发表之后，我正好要给联合理事会的主席写信，他是我的老朋友了。在信中我问他，鉴于我们（伊丽莎白女王学院营养学系）也是一个重要的营养学研究中心，我很想知道为什么没人邀请我们系的人加入这个联合理事会。他回信说，因为他自己不是营养学家，所以听取了营养学领域专业人士的建议。在咨询英国营养基金会的时候，他们说尤德金不是合适的人选。

制糖业的手，伸得有多长

你可能会认为，我在英国营养基金会经历的一切，反映出来的是制糖业对学术工作者进行研究工作和分享研究结果的干预，还比较间接，或者说，还没那么重要。那接下来我就讲两种更为直接的干预。去过瑞士的人肯定都见过米格罗超市。这家连锁超市的每一家分店都十分整洁优雅。即使没见过米格罗超市，你可能也在米格罗汽修店买过汽油。米格罗是瑞士一家大型（零售）集团，它的创始人叫戈特利布·杜特韦勒。杜特韦勒拿出集团的一部分营业收入建立了一只信托基金，支持各种各样的活动，其中就包括针对国际社会关注的一些问题组织专题研讨会，比如生态学和核能之类的问题。1977 年，戈特利布·杜特韦勒研究所委托阿尔·伊姆菲尔德来组织这样的专题研讨会，他最先组织的是关于糖的研讨会，包括糖的生产、分销、政治经济背景和活动，以及糖在人类营养学中的作用。伊姆菲尔德邀请我去这次研讨会上发言，并请我介绍一篇关于糖的营养作用的论文。我把发言稿寄给他之后不久，也就是在会议开始前一两个月的时候，伊姆菲尔德来信说会议取消了，他也被解雇了。他还补充说，他知道我会理解的。

戈特利布·杜特韦勒研究所在 1981 年确实召开过一次关于糖的会议，虽说我没有收到会议邀请。这是一次多少有些束手束脚的会议，因为没有一位发言者提到制糖业在国际范围内的经济和政治活动，而这个主题正是伊姆菲尔德原计划在 1977 年的会议上讨论的。不过，有意思的是，我在会议报道中读到了一段话，是米格罗集团消费者事务部的代表尤金妮·霍林格说的："我还清楚地记得，1974 年德语版《甜蜜的，致命的》刚出版的时候，说服任何一家报社写篇书评都得费上九牛二虎之力。报社都很担心受影响的食品行业与零售业会从此拒绝投放广告。"

后来，伊姆菲尔德也出版了一本书，名字非常简单——《糖》(*Zucker*)。这本书谴责了制糖业在世界范围内的各种活动，并且明确指出，正是由于制糖业对戈特利布·杜特韦勒研究所的干预，才导致1977年那次研讨会最终被取消，而他本人也因此失业了。

我要讲的第二个故事发生在三四年后。当时英国、美国和其他几个国家的政府正准备批准使用一种新型的人工甜味剂——阿斯巴甜。这种甜味剂的生产商是美国西尔列制药公司，他们在英国有一家很大的分公司。西尔列英国分公司找到我，希望我能组织一次会议来讨论碳水化合物的营养问题，但附加条件是西尔列公司也会派一位代表参会，向大家介绍刚刚问世、在当时还鲜为人知的阿斯巴甜。我花了大量时间给英国和其他国家的研究者写信，邀请他们参会。我们还讨论了会议需要涉及的具体（研究）领域。一切都很顺利。会议将在埃文河畔斯特拉特福的一个大酒店举行，所有参会者的交通和住宿也都安排停当。然而，就在原定时间两周前左右，会议被取消了。我的最后一项任务非常令人不快，就是把这个坏消息通知给之前和我有过深入交流，而且已经准备好发言内容的参会者们。更困难的是，我还得注意措辞，避免他们知道我所理解的会议取消的真正原因。

和我一起组织会议的西尔列公司代表，几个月来一直在做各种各样的后勤和技术安排，会议取消的消息正是他亲口告诉我的。他很难过，也很生气，我可以理解。所以，当他无法克制自己然后把会议取消的原因告诉我时，我也没有觉得很奇怪。这个原因，公司大概原本是希望能保密的。据他说，是可口可乐公司要求西尔列取消这次会议。可口可乐是世界上糖使用量最大的公司。我听说，1977年，可口可乐光是在美国就用掉了一百万吨糖。所以他们对于“向公众传递与糖相关的信息”格外感兴趣。同时，他们也针对低卡软饮料的消费者推出了低糖可乐。虽然只占软饮料总消费量的一小部分，但是低糖可乐无疑具有极大的市场潜力。因此，在二十世纪八十年代初，可口可乐公司就开始和西尔列公司谈判，想要在低糖饮料中用阿斯巴甜代替糖精。对于阿斯巴甜这种新生的甜味剂，可口可乐无疑是个巨大的市场。所以，可口可乐才有机会跟西尔列说，他们的决定可能取决于西尔列公司是否会如期召开关于糖的研讨会。毫无疑问，这个研讨会上一定会公布关于糖的不利影响的最新研究。于是，西尔列公司取消了会议。

说出龋齿的真相

在关于“糖有害健康”的所有宣传活动中，给我印象最深的，是北莱茵牙科保险协会在1977年开始发起的一系列活动。这次运动能够实现，离不开协会主席爱德华·克内勒肯博士倾注的热情和积极的筹备工作。该协会每年在反糖宣传上的花费超过一百万英镑，包括在报纸和杂志上做广告，给医生、科学家和政治家写信，组织各种宣传活动，争取一系列立法措施，对抗制糖业。他们建议在巧克力和糖果的包装上印一些符号，比如刷牙的符号，以表明这些食品对牙齿的潜在危害。他们反对在广告中出现各种关于糖可以促进健康，或者糖有利于运动表现之类的暗示。他们还要求对糖以及含糖量高的食品和饮料征税，就像对烟草和酒征税一样。

当时，北莱茵牙科保险协会召开了一次大规模宣传会议，有大量媒体到场。他们还邀请了许多发言者依次向大家介绍糖的不利影响，以及为了证明这些不利影响而进行的科学研究。我愉快地接受了他们的邀请，作为唯一的非德国人出席了这次会议。在会上，我介绍了我们关于糖对健康影响的研究，尤其是糖与心脏疾病和糖尿病相关性的研究。

这次会议取得的宣传效果在制糖业引发了强烈反响，对此我们并不意外。在所有这些回应中，我最感兴趣的是克内勒肯博士收到的一封来信，这封信来自奥地利的一位医生——格廷格博士，以下是部分节选内容：

> 非常感谢您将龋齿的相关信息发给我。
>
> 我很惊讶的是，您似乎没有注意到，很长时间以

来大家都公认龋齿是一种感染，而且也已经开始研制针对龋齿的疫苗了……

您可能还忽略了一点，尤德金教授并不是大学教授，甚至连教授职位都没有。他自己在书中也写到了，他本人是伦敦一所文法学校的教师，而且从来没有从事过任何实验工作，使用的也只是统计学数据而已。他的书我倒是听说过，我手边也确实有几本。但是在许多权威人士看来，他算不上是科学家，也没必要去严肃对待。

格廷格博士对医学同事进行如此荒谬和毫无根据的攻击，我一直想知道是出于什么动机。我写了信给他，纠正他对我的误解，比如说，我其实有很多大学职称，是伦敦大学营养与饮食系的系主任；我有三百多篇论文发表在很多国际著名科学期刊及医学期刊上；我还出版了好几本书，很明显他一本也没有读过。你也许猜到了，格廷格博士并没有给我回信，之后我的几封去信也都石沉大海。不过，每次我有新的论文发表，都会收到他想要一份文章副本的请求。

遗憾的是，有人指控克内勒肯博士在利用协会资金进行财务欺诈，随后北莱茵牙科保险协会的宣传活动被叫停。这一指控正是制糖业煽动策划的。协会向德国公众传递“糖对健康造成很大损害”这个信息的努力，也随之付诸东流。不过，尽管正义可能姗姗来迟，但它终将到来。大约三四年后，我高兴地得知，德国《自然医生》杂志发表的一篇文章为克内勒肯博士恢复了声誉。文章说，克内勒肯博士被指控的罪名是：在担任协会主席的三年期间，挪用了2200万德国马克的基金，用于传播“精制糖对健康有害”的教育资料。对此，法院的裁决完全恢复了克内勒肯博士的声誉。他在任期间工作一直非常谨慎，每次都是在取得同事们的一致同意之后才会采取行动，在涉及经费的时候更是如此。在调查过程中，法院并没有发现任何他对协会工作的决策曾受到过什么“不恰当的压力”的影响。《自然医生》杂志还补充评论说：

> 他为了患者的健康与福祉而斗争，他因为牙医的诚信遭到攻击而反抗。然而，仅仅是因为这些，在没有任何正当理由的情况下，克内勒肯博士却一直遭受着诽谤。克内勒肯博士和他的家人、朋友，全都遭受了公开的辱骂和羞辱，无一幸免。三十多年职业生涯中积淀下来的学术地位，也一度岌岌可危。

在克内勒肯博士沉冤昭雪之前，北莱茵牙科保险协会新上任的主席已经被说服签署了一份保证书，保证协会将来为促进公众健康的所有活动都将与制糖业达成一致。

十有八九是因为老练

我们的大部分食物都来自农业，然而令人惊讶的是，几乎没人讨论过农业与营养之间的关系。1978 年 6 月，我很高兴地听说伊丽莎白女王学院生物系与英国农业战略中心安排了一次联席会议，而我本人也是生物系的研究员。这次会议关心的话题是：假如消费者因为营养方面的考虑，决定少喝牛奶，少吃糖，或是改变饮食中脂肪的种类和含量，或是多吃来自谷物、水果和蔬菜的膳食纤维，那么，这些变化可能会对农业产生什么样的影响？

这个大的话题包含着四个问题，针对每个问题都会组织一个专家小组进行多次讨论，然后撰写一份报告提交专题讨论会，在十一月统一讨论。我受邀主持关于糖和甜味剂的小组讨论。

十月中旬，生物系的秘书长收到了一封信，我原文引用：

亲爱的科普博士：

我以一名生物系教工的身份给您写了这封信，而不是作为泰特–莱尔集团研发部的首席执行官。

听说尤德金教授将会参加“食品、健康与农业”研讨会，并且受邀作为业界代表就“甜味剂”问题发言。这个消息实在令我难以置信——可能除了蔗糖，在这个问题上他其实没有做过任何具体的研究。我认为，针对这个问题选择的发言代表，至少应该是客观公正的，如此才能对专题研讨会更有价值。您也知道，尤德金教授过去就曾利用这样的研讨会大肆攻击食用糖，根本就不考虑与他观点相悖的医学证据……您没有选择一个能给出新数据的人去参加这个研讨会，而是继续任由尤德金教授去讲述他“老掉牙的故事”……这一点我表示无比遗憾。

对此，生物系的秘书长也回了信，我也节选了一部分：

您10月11日的来信已收悉，十分感谢。不过我认为您并没有看过“食品、健康与农业”研讨会的完整议程，随信附上一份，供您参阅。从中您也可以看出，尤德金教授是代表一个专家小组来汇报讨论结果的。他要介绍的观点，都是小组内所有科学家的共识。他们每一位都非常负责，也包括比彻姆制药有限公司的研发总监。

友好对话

到二十世纪六十年代初，伊丽莎白女王学院营养学系人满为患，于是学院决定扩建，并发起募集资金的活动。当时学院的财务主管与食品行业的关系非常密切，于是他给自己一些在大型食品公司的朋友和熟人写了信。不过，在他去信联系的所有食品公司中，唯一给出不同答复的是泰特–莱尔公司，他们拒绝捐赠。泰特–莱尔公司在回信中表示，董事会对营养学系的资金募集请求非常重视，斟酌再三之后认为，“您应该能够理解，董事会不愿意支持贵系的扩建，是因为在贵系的营养学教授看来，糖并不是日常饮食的重要组成部分，而且也很可能会向学生教授这些理论”。这段话中我最喜欢的是最后一句，我认为它表达的意思是：如果我把自己不相信的东西教授给学生，那我们就有可能从泰特–莱尔公司拿到赞助。

1966 年，我受邀加入德国医生与牙医组建的一个小团队，然后和德国南部制糖业的代表们举行了一次圆桌会议，讨论双方存在的分歧。我认为这是一次非常好的尝试，比起毫无意义且不可能达成共识的争吵，平心静气的会谈无疑要好得多。我们的讨论还是很有用的。虽然并没有说服制糖企业“糖肯定对身体有害”，但是在我看来，我们已经让制糖企业相信，关于“糖会影响健康”的担忧是有正当理由的，绝不是空穴来风。回到伦敦后，我给当时的泰特－莱尔公司董事长写了一封信，讲了这次圆桌会议的前因后果，并且建议，我们双方未来的关系也应该是这样的模式。

董事长回复说，如果你能和泰特－莱尔公司的代表见个面，也确实是个不错的主意。于是，我们在适当的时候安排了一次会面，地点是我在伊丽莎白女王学院的办公室。见面后，我开始给这位公司代表介绍我们的研究，包括那些最新的、尚未发表的实验结果，以及这些研究和实验结果如何让我们相信"糖会有害健康"。然而，没多久我就意识到，董事长派来的代表根本就不了解我们的研究。这位代表其实是负责公司技术销售部的销售总经理。

这和我在德国遇到的情况大不相同。我曾经一直希望能与制糖业建立友好的对话机制，这个梦想也终于化为了泡影。

先发制人

1972 年 6 月，《甜蜜的，致命的》首次在英国公开发售。但其实几周之前，这本书已经在美国出版了，名字是《甜蜜且危险》。我的美国出版商认为，有必要在书的最后附上一份清单，列出大约三十篇我们在科学杂志和医学杂志上发表的论文。这三十篇论文都是我们为了研究糖对健康的影响而做的实验和实验得出的结果。这样一来，如果有科学家想去验证书中的具体阐述和我们的实验结果是否一致，也会非常方便。但是，我的英国出版商却觉得，没有读者会对这样的清单感兴趣，于是把它删掉了。

对英国制糖业而言，《甜蜜且危险》的出版其实是一种警告，预示着《甜蜜物，致命的》很快就会在英国与公众见面。作为“英国食用糖精炼与加工”的宣传机构，当时的英国糖业局利用这个机会做了一份“新闻简报”，发给了将来有可能评论《甜蜜的，致命的》的各大报纸、杂志、广播与电视台。我只摘取了简报的几段内容：

> 在这本书中，尤德金博士认为一些疾病患病率增加的主要原因是现代饮食中糖的作用。
>
> 英国糖业局对……不负责任的证据呈现方式，表示担忧。
>
> 我们认为，这本书不仅缺乏科学的方法，而且除了大量情绪化的武断言论几乎别无他物。这些断言全部来自尤德金博士自己关于“糖是引发许多疾病的主要原因，而且应该被禁”的理论。
>
> 这本书的美国版书名是《甜蜜且危险》……也许需要着重指出的是，尤德金博士在美国版中列出了一

份精心选择的参考文献清单，包括许多科学论文，但几乎所有论文都是尤德金本人或是尤德金与他人合作撰写的。然而在这本书的英国版中，连一篇参考文献都没有，他甚至都没有再引用自己发表的论文来支持书中的主张。

一本书还没有正式出版就遭到公开抨击，大肆批判的人甚至都还没有读过书的内容，我可不觉得这是一件正常的事情。

或许你会觉得，我自己的这些经历，不过是说明制糖业在避免自己的产品遭受无端攻击的时候，做出了还算克制的反应。如果你真的这么认为，或许今天的状况会更让你感兴趣些。时代在变，面对那些一直以来都在不公正地抨击的人，今天的制糖业不会再那么温和宽容了。

我曾经为一本杂志写过文章，简要地介绍了糖的不利影响。随后，这本杂志的编辑收到一封信，信中对我的每一个观点都进行了严厉地批评。信的作者是英国食用糖公司负责市场营销和销售的执行董事，而英国食用糖公司的主要业务是生产、精炼甜菜糖。这让我想起了大约二十年前泰特-莱尔公司派来和我会谈的代表，他的专业背景似乎也是销售。在批评完我文章中有关生物化学和临床研究的问题之后，英国食用糖公司在信中继续说道："制糖业已经意识到了自己的错误。个别人为了一己私利，利用人们的轻信，大量散步错误信息和虚假信息，多年来一直没有得到有效地弥补。我们正在努力纠正这个问题。”

我曾经提到，并不是每一位科学家都认同我对于糖的看法。这没有任何问题，因为我引用的许多资料仍然是间接证据，而不是绝对证据。但即使是间接证据，也是过去二十多年的时间里，很多个实验室稳步积累的证据。而且有越来越多人开始认为，有相当充分的证据表明糖确实会产生不利影响，就比如，糖是冠状动脉性心脏病的主要致因之一。

科学家 v.s. 科学家

在前文中我提到过安塞尔·基斯博士，以及他在饮食和心脏病方面的开创性工作。1970 年，他写了一份简报寄给了饮食与心脏病领域的许多科学家，内容和他之前发表在医学杂志《动脉粥样硬化》上的文章几乎一模一样。对于我时不时就在科学期刊上发表文章介绍“糖是导致心脏病的主要饮食因素”的理论，他提出了强烈批评。

这份简报中包含着许多不正确和不合理的观点。比如，他说我们从来没有检查过我们用来测量糖摄入量的方法；说我们和其他人在实验中使用的糖摄入量，在现实中是不存在的，没人真的能吃那么多糖；说我在1957年使用四十七个国家的统计数据来证明糖和心脏病之间的关系，简直荒谬至极（但基斯博士之前用来证明脂肪与心脏病之间关系的六个国家的数据，和我用的其实属于同一批数据）。

他在最后扬扬得意地指出，糖和脂肪都与心脏疾病有关，但原因肯定是脂肪而不是糖。因为他在1970年发现，脂肪摄入量和糖摄入量本身是密切相关的。大家应该还记得我对这一点的讨论，早在1964年，我就已经证明了脂肪和糖之间的这种关系。

基斯博士的观点至少是前后一致的。对于我们的研究发现，萨里大学的生物化学家文森特·马克斯教授表现出的是截然不同的另一种强烈反对。1977年，马克斯教授和一位同事在《柳叶刀》杂志发表了一篇论文，文中提到，有实验表明含糖的金汤力可能会引发低血糖，但如果其中只有糖精，则不会引发低血糖。当时世界糖业研究基金会（世界糖业研究组织的前身）的秘书长给《柳叶刀》致信，严厉批评了这篇论文。对此，马克斯教授回复道：

> 我很好奇，赫吉尔先生之所以对我们的研究提出如此尖酸刻薄的批评，原因是不是就隐藏在他的通信地址里？有越来越多的证据表明，约翰·尤德金说他

们的产品“纯净、洁白，也能要你的命”，其实并不算离谱。

到1985年，马克斯教授又说，“把糖当作罪魁祸首简直是最没有根据的理论之一，这不过是科学欺诈罢了”。他接着说道，其他“消息通常不灵通的作者也认为，糖是引发冠状动脉性心脏病的一个主要原因，或者至少是一个致病因素，这样的看法不仅大错特错，而且是充满恶意的”。这些话发表在贸易杂志《杂货商》1985年的彩色增刊上。这份增刊从撰稿、设计到制作，都出自英国糖业局旗下的一家公关公司。

三个月后，马克斯教授作为发言人出现在糖业局赞助的“饮食与健康”研讨会举办的“沟通会”上。在会议开始之前，他的会议发言摘要就已经公开发布了出来，我摘录了开头一段：

是食品行业的丑闻，还是说，我们被骗了？是什么改变了公众对糖的印象，把它从日常饮食的重要组成部分，变成了一种或多或少能导致疾病，没有必要的食品添加剂，以及社会毒瘤？是大量的最新实验证据吗？……还是充斥着奇闻逸事，对数据进行错误解读的哗众取宠？

我应该明确一点，科学家有时候会改变自己的看法，对此我一点意见也没有。在最新的发现面前，任何科学家可能都会需要不断调整自己的观点。调整和改变可能是因为之前的结论所依据的实验使用了错误的技术，或者是新技术和新发现揭示了一些未知的科学事实。这两种情况不论出现哪一种，都有必要修改自己从先前的研究中得出的结论。但是据我所知，马克斯教授的早期观点（1977 年）和后期观点（1985 年）的差异，并不适用于以上两种情况。在糖和疾病相关的研究领域，其他几个独立实验室进行的最新实验研究，不仅证实了我们之前的实验结论，而且还为支持我们的结论提供了新的发现。因此，让我觉得惊讶的是，马克斯教授现在竟然不再继续支持糖对健康有害的观点，反而选择为糖开脱。坏消息是，像马克斯教授这样的言论，为制糖业提供了源源不断的弹药。他们除了为自己辩解，还把枪口对准了试图告诉公众应该尽量少吃糖的那些科学家和公共卫生工作者们，对他们大肆攻击。

你想怎么写就怎么写，前提是我同意

我以为，那些为了干预人们的行为而在背地里进行的事情，大家多半是不会发觉的。但偶尔也有真相大白的时候。英国国家奶业理事会曾经委托我制作一份减肥食谱。

这个任务我很感兴趣，因为一份合理的减肥计划不仅需要控制饮食总量，还必须保证充足、平衡的基本营养元素含量，比如说蛋白质、维生素和矿物质之类。所以我们的目标就是减少那些除了热量几乎不提供任何营养的食物，同时根据食物的热量比例，尽可能纳入那些能够提供大量营养的食物。除了热量就什么都没有的唯一食物，就是糖。而所有食物中，相同热量包含营养元素的种类最多、含量也最高的食物，就是牛奶。

我为英国国家奶业理事会设计的食谱正是以这个简单原则为基础的。这份食谱发表之后，一家大型糖业公司非常客气地要求理事会取消或者至少“不要强调”戒糖的必要性。奶业理事会的主任把制糖业的要求告诉了我，很显然是希望从我口中听到“不”。当我确实表示拒绝之后，他笑着说完全支持我。

纯净、洁白，也很强势

在结束我的故事之前，请允许我再重复一遍自己的立场：我没有（也不会）指责那些不同意我观点的科学家，说他们这么做是出于不正当的动机。不过我认为值得注意的是，虽然近几年有越来越多的证据能够支持我和其他研究人员之前得出的结论，但持反对意见的科学家还是那么多。尤其好玩的是，有些一开始倾向于接受我们观点的人，现在却在拒绝。

这很难不让人觉得，是制糖业利益集团不断扩大，以及他们积极持续的公关活动，导致了这样的结果。他们的产品是“纯净”而“洁白”的，但制糖业生产商、分销商和中间商的种种行为，却很难用这两个词来形容。即便如此，把这一切归咎于某个有组织的、专门实施阴谋诡计的部门，并没有什么意义。这似乎是任何一个行业从业者本能的自保行为。他们会否认和掩盖自己的产品所带来的弊病，或者像兄弟会一样，为自己成员的错误打掩护。结果，是构建了一个强势又紧密的核心，就像一块被强力感应线圈包围的磁铁，用无形的磁场，影响着周边的一切，即便是那些还没有碰触到核心的地方。

致谢

这本书里引用的许多实验，都是在伊丽莎白女王学院的营养学系进行的。在过去的几年中，为了实现我们共同的想法，我的许多同事和研究生都做出了巨大的贡献。这个过程很缓慢——应该说极其缓慢——但也一个又一个地解决了我们遇到的一些问题。能与他们共事，我觉得无比幸运。假如没有他们的合作，我不可能知道这本书里分享的这么多事实。

最后，我想对许多食品和制药企业表示衷心的感谢。在过去的二十五年中，他们持之以恒地支持着营养学系的建立和维护。虽然对他们中的许多人来说，我们的研究结果往往与他们的利益背道而驰。但正是在他们的大力帮助下，我们才能够解决那些在我看来非常重要的问题。

选择的自由，

取决于获取信息的自由。

—— 约翰 · 尤德金

一頁 folio

始于一页，抵达世界

Humanities · History · Literature · Arts

出品人　范新

监制策划　恰恰

特约编辑　苏骏　胡晓镜

助理编辑　唐继尧

营销编辑　张延　戴翔

新媒体　赵雪雨

版权总监　吴攀君

印制总监　刘玲玲

装帧设计　山川

内文制作　陆靓

Folio (Beijing) Culture & Media Co., Ltd.

Bldg. 16-C, Jingyuan Art Center,
Chaoyang, Beijing, China 100124

一頁 folio
微信公众号

官方微博：@一頁 folio | 官方豆瓣：一頁 | 媒体联络：zy@foliobook.com.cn